AF391205

COMPTE-RENDU

DE LA

4.ᵉ EXPOSITION AGRICOLE

ET DU

CONCOURS D'ANIMAUX REPRODUCTEURS

du département du Nord.

HAZEBROUCK.

IMPRIMÉ CHEZ L. GUERMONPREZ.

1860.

COMPTE-RENDU

DE LA

4.ᶜ EXPOSITION AGRICOLE

ET DU

CONCOURS D'ANIMAUX REPRODUCTEURS

du département du Nord.

COMPTE-RENDU

DE LA

4.ᵉ Exposition agricole

ET DU

CONCOURS D'ANIMAUX REPRODUCTEURS

DU DÉPARTEMENT DU NORD,

Organisés par les soins

DE LA SOCIÉTÉ D'AGRICULTURE D'HAZEBROUCK.

HAZEBROUCK.

IMPRIMÉ CHEZ L. GUERMONPREZ.

1860.

PRÉLIMINAIRES.

Par lettre du 15 septembre 1858, M. le Préfet du Nord a fait connaître que la 4.ᵉ Exposition agricole du département devait avoir lieu en 1859 à Hazebrouck, et a invité la Société d'agriculture d'Hazebrouck à préparer le programme de cette solennité, pour laquelle une somme de 4,000 francs est mise à sa disposition.

Par lettre du 18 septembre 1858 M. le Préfet du Nord a fait connaître que le concours départemental d'animaux reproducteurs serait réuni à la 4.ᵉ Exposition agricole du département et a invité la Société d'agriculture d'Hazebrouck à en préparer le programme, en mettant à sa disposition une somme de 1500 fr.

Par une délibération du 7 décembre 1858 la Société d'agriculture de Bailleul a consenti à faire abandon, pour 1859, à la Société d'agriculture d'Hazebrouck, de la subvention de 1900 francs qui lui avait été allouée sur le budget départemental, et de celle de 300 francs accordée sur les fonds de l'État, à la condition d'obtenir une compensation en 1860.

Par délibération en date du 8 février 1859, le conseil municipal d'Hazebrouck a voté une subvention de 2,000 francs en faveur de la Société d'agriculture d'Hazebrouck, en vue des dépenses que l'organisation de la 4.ᵉ Exposition agricole du département du Nord doit lui occasionner.

Le 13 juin 1859, M. Cappon, Président de la Société d'agriculture d'Hazebrouck, a transmis la lettre suivante à M. le Sergeant de Monnecove, Sous-Préfet de l'arrondissement et membre de la Société d'agriculture d'Hazebrouck :

« Monsieur et cher Collègue,

» La Société, dans sa réunion du 17 janvier dernier, en vue » de la célébration des solennités agricoles qui vont avoir lieu à » Hazebrouck, en 1859, m'a conféré le pouvoir de composer, » parmi les membres de la Société, les diverses commissions » qui auront à s'occuper des nombreux préliminaires qu'exigera » l'organisation convenable et digne de ces fêtes. J'ai déjà transmis » à M. le Secrétaire les noms des membres d'une commission » unique qui pourra, si elle le juge à propos, se diviser en » deux sections : l'une ayant à s'occuper de tous les produits » inanimés, l'autre des produits animés, c'est-à-dire des animaux » reproducteurs.

» Le zèle bienveillant et éclairé que vous m'avez témoigné, en » diverses circonstances, pour toutes les questions concernant » l'agriculture, et l'expérience personnelle que vous avez du » genre de fêtes, à l'une desquelles la Société d'Hazebrouck est » appelée à présider, m'inspirent la confiance, Monsieur et cher » Collègue, de vous prier de vouloir bien accepter la présidence » de cette double Commission, dont M. Deberdt, secrétaire, vous » fera connaître tous les membres.

» J'ose espérer, Monsieur et cher Collègue, que vous accep- » terez cette mission, et je n'hésite pas à me rendre ici l'organe » de tous les membres de la Société, en vous priant de recevoir » par avance nos plus sincères remercîments.

» Veuillez agréer aussi, Monsieur et cher Collègue, l'expression » de mes sentiments les plus distingués.

» *Le Président de la Société d'Agriculture d'Hazebrouck,*

» F. CAPPON. »

Le 17 janvier 1859, la Société d'agriculture d'Hazebrouck a arrêté, en séance générale, le Règlement et le Programme suivants :

ORGANISATION

ET DISPOSITIONS RÉGLEMENTAIRES.

Art. 1.er La quatrième exposition agricole du département du Nord sera organisée en 1859, à Hazebrouck, par les soins de la Société d'agriculture; son ouverture est fixée au 8 septembre : elle sera close le 18 du même mois.

Art. 2. Cette exposition embrassera les produits immédiats de toutes les branches de l'Agriculture générale et de l'Horticulture alimentaire; ceux des industries essentiellement agricoles; les machines agricoles et les instruments aratoires.

Art. 3. La distribution des récompenses aura lieu en séance publique et solennelle, à Hazebrouck, le 18 septembre, dans le local qui sera ultérieurement indiqué.

Art. 4. Les Sociétés d'Agriculture, les Comices agricoles et les Sociétés d'Horticulture du département, désigneront les commissions chargées de constater l'origine, le mérite et la qualité des produits présentés à l'exposition, et d'en prononcer l'admission, conformément au présent règlement.

Art. 5. En cas d'urgence, et sur la demande de l'exposant, la Commission d'admission pourra être remplacée par le Maire de la commune, assisté de deux Conseillers municipaux.

Art. 6. Les commissions ou les autorités municipales qui les remplaceront, devront, en temps opportun, procéder à la vérification et constater l'identité des produits destinés à l'exposition; procès-verbal de leurs opérations sera dressé; un extrait en sera délivré à chaque exposant, pour lui servir de titre justificatif des faits énoncés dans ses déclarations. Toutefois, la Commission d'organisation de l'Exposition sera libre d'admettre également les produits pour lesquels l'une ou l'autre de ces formalités n'aurait pu être remplie.

Art. 7. Un programme détaillé du nombre et de la valeur des récompenses offertes en faveur des diverses spécialités de produits admis à l'exposition, sera publié par la Société d'Agriculture d'Hazebrouck ; les règles particulières applicables à chaque nature de concours y seront indiquées. (Voir le programme ci-après).

Art. 8. Les personnes qui désireront exposer devront se faire inscrire à la Mairie de leur commune, en mentionnant, aussi exactement que possible, la nature du produit présenté, le lieu et l'époque favorables à sa vérification par la commission.

Cette déclaration d'inscription sera immédiatement adressée par le Maire, et par l'intermédiaire de l'Administration, au Secrétaire général de la Société d'Agriculture ou du Comice de la circonscription.

Art. 9. Les inscriptions devront avoir lieu, pour les produits du sol, *un mois au moins avant la maturité et l'enlèvement de la récolte*; pour les instruments aratoires et les produits de l'économie rurale, *un mois au moins avant l'ouverture de l'exposition*.

Art. 10. Toute demande d'inscription devra être accompagnée de renseignements propres à faciliter à la commission, dans les délais nécessaires, l'examen des produits présentés.

Art. 11. Le jury central se composera :

1.º Pour chaque arrondissement, *de quatre membres nommés par les Sociétés d'agriculture ou Comices agricoles*, institués dans le département;

2.º *D'un membre de chacune des Sociétés d'horticulture*.

Art. 12. Les membres du jury central seront désignés par les Sociétés ou Comices dont ils font partie; ces associations devront, avant le 25 août et par l'intermédiaire de l'Administration, en adresser la liste à la Société d'agriculture d'Hazebrouck.

Art. 13. Si le nombre des jurés ne s'élevait pas au chiffre de *trente*, ou si, le jour de la première réunion du jury, ce chiffre n'était pas atteint par les membres présents, il devrait être complété immédiatement par les soins de la Société d'Agriculture d'Hazebrouck.

Art. 14. Du 8 au 18 septembre, le jury central, divisé en commissions spéciales, se livrera à l'examen des produits exposés; les récompenses seront ensuite discutées et fixées en assemblée générale.

Art. 15. Le jury central procèdera à l'examen, délibérera, et votera à la majorité absolue, quel que soit le nombre des membres présents.

Art. 16. Les médailles qui, par suite de l'infériorité ou de l'absence de certains produits, n'auraient pas reçu leur destination spéciale, pourront êtres affectées à un autre produit non spécifié au programme, ou jugé digne d'un supplément de récompense.

Art. 17. Un compte-rendu de l'exposition sera publié par les soins du jury central.

Art. 18. En dehors des médailles offertes en faveur des agriculteurs du département du Nord, il pourra en être décerné pour des produits provenant d'autres départements ou de l'étranger, sans toutefois que le crédit de 4,000 francs alloué par le Conseil Général puisse être détourné de sa destination purement départementale; en sorte que ces dernières récompenses demeureront exclusivement à la charge de la Société d'Agriculture d'Hazebrouck.

Art. 19. Les Sociétés d'Agriculture, d'Horticulture et les Comices du département du Nord, devront faire parvenir à la Société d'Agriculture d'Hazebrouck, *quinze jours au moins avant l'ouverture de l'exposition*, par l'intermédiaire de l'Administration, la liste des produits admis dans leurs circonscriptions respectives. Ces produits, convenablement emballés et garantis contre les avaries, devront être parvenus à Hazebrouck, au plus tard le 25 août.

Il n'y a d'exception que pour les produits alimentaires susceptibles de s'altérer, comme le beurre, le fromage, les fruits, le miel en rayons, et pour ceux dont la récolte n'aura pu être opérée que tardivement; ces produits pourront encore être reçus pendant les deux premiers jours de l'exposition.

Art. 20. Les procès-verbaux des commissions devront être également parvenus à Hazebrouck dans les délais précités.

Art. 21. Toutes les formalités qui seraient de nature, soit à rendre l'admission plus facile, soit à assurer la régularité et la sincérité de l'exposition, pourront être adoptées par les Sociétés et Comices chargés d'admettre les produits, à la condition de mentionner ces formalités dans le procès-verbal d'admission, de manière que le jury central puisse, dans la comparaison de deux produits de même nature, tenir compte des circonstances dans lesquelles ces produits ont été examinés et admis.

PROGRAMME

DES RÉCOMPENSES A DÉCERNER.

Les récompenses offertes en faveur des diverses branches de la production agricole départementale, seront composées et réparties de la manière suivante :

L'admission sera en outre assujettie aux conditions spéciales indiquées ci-dessous.

§ 1. CULTURES.

Les produits devront être recueillis tels qu'ils sont obtenus du sol, ou après leur sortie des machines, ou à la suite des manipulations que leur font subir les préparations indispensables à leur livraison au commerce ou à la consommation.

Les exposants indiqueront l'espace occupé dans leur exploitation par les cultures dont ils auront envoyé les produits, la contenance du champ où ils auront été récoltés, leur rendement calculé par hectare, et autant que possible leur prix de revient et leur valeur vénale.

Céréales.

Chaque échantillon consistera :

1.º *En une Gerbe du poids de trois à cinq kilog.
et composée d'un nombre variable de javelles,
suivant les usages des diverses localités;*

2.º *En deux litres de grain épuré par le vannage.*

	RÉCOMPENSES à décerner. MÉDAILLES		
d'or.	de vermeil.	d'argent.	de bronze.
Blé blanzé du pays. { grande culture	1	»	1	1

	d'or.	de vermeil.	d'argent.	de bronze.
Blé blanzé du pays. { grande culture	1	»	1	1
petite et moyenne cult.re	»	1	1	1
Blé barbu du pays. { grande culture	1	»	1	1
petite et moyenne cult.re	»	1	1	1
Blés d'autres espèces ou variétés admises plus ou moins récemment dans les cultures	1	1	1	1
Orge d'hiver, Scourgeon ou Sucrion.	»	1	1	1
Orges de diverses autres espèces ou variétés.	»	»	1	1
Avoines noires ou blanches du pays.	»	1	1	1
Avoines d'espèces et variétés diverses, autres que celles ci-dessus	»	»	1	1
Plantes farineuses et céréales non désignées dans cette nomenclature.	»	1	2	2
A la plus riche collection de Céréales. *Les échantillons pourront être réduits des neuf dixièmes.*	»	1	1	1

La pancarte accompagnant le produit devra mentionner si la plante a été semée en lignes, par poquets ou à la volée.

Plantes fourragères.

Échantillons consistant en bottes de 3 à 5 kil.

	d'or.	de vermeil.	d'argent.	de bronze.
Hivernage composé de Seigle, de Vesces ou de Lentillon.	»	1	1	1
Warats, Fourrage de féverolle seule ou associée à une céréale	»	»	1	1
Autres mélanges fourragers de légumineuses ou de graminées	»	1	1	1
Trèfle commun ou Tranen.	»	1	1	1
Trèfle incarnat, *dit* anglais	»	»	1	1
Trèfles d'autres espèces	»	»	1	1
Luzerne ordinaire.	»	1	1	1
Lupuline ou Minette	»	»	1	1
Sainfoin.	»	1	1	1
Espèces fourragères diverses de Légumineuses, telles que Lotiers, Gesses, Mélilots, Anthyllide, etc.	»	1	2	2
Espèces annuelles de graminées cultivées spécialement pour fourrages, telles que Millet,				

	RÉCOMPENSES à décerner. MÉDAILLES			
	d'or.	de vermeil.	d'argent.	de bronze.
Seigle, Orge, Maïs, etc	»	1	1	1
Espèces de Crucifères, Navette, Moutarde, Chou-cavalier, Pastel, etc	»	»	1	1
Espèces appartenant à d'autres familles. . .	»	»	1	1
Prairies artificielles composées de Graminées vivaces, telles que l'Ivraie vivace ou Ray-grass, l'Ivraie d'Italie, l'Agrostide Stolonifère ou Fiorin, etc.	»	»	1	1
Prairies naturelles	»	1	2	2

Racines fourragères.

Échantillons de deux kilog. ou deux litres.

	d'or.	de vermeil.	d'argent.	de bronze.
Navets, Raves, Turneps, Rutabagas, etc. . .	»	1	1	1
Carottes et ses diverses variétés.	»	1	1	1
Panais	»	»	1	1
Topinambour	»	»	1	1
Betteraves à vaches	»	1	1	1
Pommes de terre	1	1	2	2
Autres racines et tubercules fourragers. . .	»	1	1	1

Plantes oléagineuses.

Comme spécimen, tiges en bottes avant l'extraction des semences, deux à trois kilog. — Deux à trois litres de graines.

	d'or.	de vermeil.	d'argent.	de bronze.
Colza et ses variétés.	»	1	1	1
Pavot ou Œillette.	»	1	1	1
Cameline.	»	1	1	1
Autres espèces, telles que Navette, Moutarde, Julienne, Sésame, Madia, etc.	»	1	1	1

Plantes textiles.

Échantillons bottelés, égrénés et non égrénés.

	d'or.	de vermeil.	d'argent.	de bronze.
Lin, culture de Mars.	1	1	1	1
Lin, culture de Mai.	1	1	1	1
Chanvre	»	1	1	1
Plantes filamenteuses diverses.	»	1	1	1

Plantes économiques et industrielles.

Échantillons de 2 à 3 kilog.

	d'or.	de vermeil.	d'argent.	de bronze.
Houblon.	»	1	1	1

	RÉCOMPENSES à décerner. MÉDAILLES			
	d'or.	de vermeil.	d'argent.	de bronze.
Chicorée.	»	1	1	1
Tabac	1	1	1	1
Betterave à sucre.	»	1	2	2
Sorgho	»	»	1	1

Plantes tinctoriales.

	d'or.	de vermeil.	d'argent.	de bronze.
Gaude, Garance, Pastel et autres.	»	»	1	1

Plantes médicinales.

	d'or.	de vermeil.	d'argent.	de bronze.
Guimauve, Absinthe, Camomille, Angélique, etc.	»	»	1	1

Plantes utiles à des arts divers.

	d'or.	de vermeil.	d'argent.	de bronze.
Cardère, Osiers, etc.	»	»	1	1

Plantes potagères.

Légumes proprement dits.

	d'or.	de vermeil.	d'argent.	de bronze.
Chou et ses variétés. — Culture maraîchère. *Echantillons consistant en 10 choux de chaque variété.*	»	1	1	3
Id. id. Culture potagère	»	»	1	1
Pois de sortes diverses, Gesces, Lentilles.	»	»	1	1
Fèves id.	»	»	1	1
Haricots id. Doliques	»	1	1	1
Légumes bulbeux : Oignons, Poireaux, Echalottes, etc. — Grande culture *Echant. de 2 litres ou 10 bottes.*	»	»	1	2
Id. — Culture potagère	»	»	1	1
Légumes verts : Epinards, Tétragone, Arroche, Oseille, Poirée, Artichauts, Cardons, Céleri, Persil, Cerfeuil, Pourpier, etc	»	»	2	1
Salades : Laitues, Chicorées, Mâche, Raiponce, Cresson, etc. Id. Culture maraîchère. *Echantillons 10 salades.*	»	1	2	1
Id. Culture potagère.	»	»	1	2

Légumes racines.

	d'or.	de vermeil.	d'argent.	de bronze.
Pommes de terre. — Collections de variétés.	»	»	1	1

	RÉCOMPENSES à décerner. MÉDAILLES			
	d'or.	de vermeil.	d'argent.	de bronze.
Carottes. — Culture maraîchère. *Echantillons de dix bottes*	»	»	1	2
Id. Culture potagère	»	»	1	1
Navets	»	»	1	1
Salsifis, Scorsonère, Persil, Chervis	»	»	1	1
Topinambours, Oxalis, Panais, Betteraves	»	»	1	1
Raves et Radis	»	»	1	1

Plantes potagéres diverses.

Fournitures de salade. — Cresson alénois, Estragon, Perce-pierre, Pimprenelle, Chenillette, Capucine, Bourrache, etc.	»	»	1	2
Condiments. — Plantes aromatiques. — Thym, Hyssope, Sauge, Romarin, Marjolaine, Sarriette, Basilic, Angélique, etc. — Champignons.	»	»	1	2

Plantes potagères à fruits comestibles.

Melons. — Collections de variétés	»	1	1	1
Citrouilles, Courges, Concombres	»	»	1	1
Tomates, Aubergines	»	»	»	2
Aux plus belles collections de légumes maraîchers	1	1	1	1
id. potagers	1	1	1	1

Fruits.

Fruits à pépins, Poires, Pommes, Coings, Nèfles	1	1	2	2
Fruits à noyaux, Pêches, Prunes, etc.	»	»	1	1
Raisins	»	»	2	1
Autres fruits divers	»	»	2	1
Aux plus belles collections de fruits provenant de vergers. Echantillons de 2 litres au moins.	»	»	2	2
id. provenant de jardins.	1	1	1	1

Fleurs.

Aux collections de plantes fleuries les plus belles et les plus nombreuses	»	»	2	4

Silviculture.

Produits divers de la Silviculture et de l'Arboriculture.	»	1	2	2

§ II. ZOOTECHNIE.

Les concours d'animaux de boucherie et ceux d'animaux reproducteurs organisés en dehors des expositions agricoles répondent à la pensée qui a présidé à la création de ces exhibitions. Cependant diverses branches très-intéressantes de la production animale, qui doivent nécessairement être représentées et figurer dans notre exposition agricole, ne sont pas comprises dans ces importans concours; de ce nombre sont les sujets suivants :

	RÉCOMPENSES à décerner. MÉDAILLES			
	d'or.	de vermeil.	d'argent.	de bronze.
Oiseaux domestiques. *Couple de chaque espèce, ou jeunes sujets en troupe.*				
Espèces et races diverses d'Oiseaux de basse-cour, choisies parmi les plus productives et de qualité supérieure.	»	1	1	1
Pour les produits résultant de l'application usuelle de la Couveuse artificielle à l'élevage des volatiles.	»	1	1	1
Pisciculture.				
Pour l'envoi à l'Exposition des produits de la fécondation artificielle des poissons, d'après la méthode de Remy et Gehin, des Vosges . .	1	»	1	1
Abeilles.				
Ruches et Appareils destinés à la récolte du Miel et de la Cire.	»	1	1	1
Beurre. *Echantillons d'une ou plusieurs pièces donnant un poids total de un kilog. à un kilog. et demi.*				
Beurres de toutes formes et de préparations diverses, en usage dans la consommation. .	»	1	1	1
Fromages.				
Fromages, façon de Maroilles et analogues . .	»	1	1	1
— façon de Bergues et analogues. . .	»	1	1	1
— façon étrangère.	»	1	1	1
Laines.				
Toisons en suint ou lavées à dos, laines courtes .	»	1	1	1
Id. laines longues .	»	1	1	1
Conserves de viande.				
Pièces salées de Bœuf ou de Vache, destinées à l'approvisionnement des fermes.	»	»	1	1
Jambons, Langues et autres viandes salées ou fumées.	»	»	1	1

§ III. AMENDEMENTS ET ENGRAIS.

Les agents de fertilisation du sol devront être accompagnés d'une analyse, et des formules limites entre lesquelles ils devront être maintenus. Les exposans marchands devront ajouter le prix de vente et s'engager à les céder pour ce prix aux cultivateurs qui en feraient la demande.

	RÉCOMPENSES à décerner.		
	MÉDAILLES		
d'or.	de vermeil.	d'argent.	de bronze.
Calcaires, Marne, Plâtre, Chaux, Débris coquillers fossiles, Faluns, etc., choisis, extraits et préparés de manière à être usuellement profitables à l'agriculture.	»	»	1	1
Cendres de mer, pyriteuses et autres. . .	»	1	1	1
Tangue, Substances alcalines, etc	»	1	1	1
Résidus et Déchets de fabrications industrielles.	»	1	1	1
Fumures proprement dites, soit simples, soit mélangées et associées sous forme de composts	»	1	1	1
Engrais concentrés, naturels ou artificiels. .	»	1	1	1
Instruction sur les moyens pratiques, à la portée des cultivateurs, d'estimer la valeur comparative des amendemens ou engrais. . . .	1	1	1	1
Idem sur l'emploi des vinasses et des eaux de fabrication qui étaient auparavant abandonnées à la pourriture dans les cours d'eau. .	»	1	»	1

§ IV. INSTRUMENTS ARATOIRES

ET MACHINES AGRICOLES DIVERSES.

Les objets de mécanique agricole ne pourront être reçus à l'exposition que complètement montés et en état de fonctionner immédiatement. Ils ne seront jugés qu'après avoir été essayés. Ceux dont l'essai serait impossible à l'époque du concours, seront expérimentés antérieurement; à cet effet, avis devra être donné à la Société en temps utile.

Des récompenses seront décernées pour l'invention, le perfectionnement ou l'importation des machines.

	d'or.	de vermeil.	d'argent.	de bronze.
1.º Aux Charrues, Brabants, Araires, Extirpateurs, Scarificateurs, Binots, Herses, Semoirs, etc.	1	1	2	2
2.º Faux, Sapes, Piquets, Faucilles, Fourches, Fourchets, Rateaux, etc	»	1	1	1
3.º Chariots, Charrettes, Tombereaux, Baigneaux et autres véhicules	»	1	1	1

	RÉCOMPENSES à décerner. MÉDAILLES			
	d'or.	de vermeil.	d'argent.	de bronze.
4.° Machines à battre, à égrener, à vanner, à nettoyer, Hache-paille, Coupe-racines. Moulins à pulvériser les tourteaux, à monder, à concasser ou à moudre.	1	1	1	1
5.° Outils, instruments et Machines destinés à la préparation du lin.	»	1	1	1
6.° Mécanismes propres à la préparation des tuyaux de drainage	»	1	1	1
7.° Instrumens et Ustensiles destinés à la confection du beurre, du fromage, etc. . . .	»	1	1	1
8.° Outillages agricoles variés non repris ci-dessus	»	1	1	1
9.° Instruments à l'usage de l'Horticulture maraîchère et de l'Arboriculture	»	1	1	1

§ V. INDUSTRIES ET ARTS AGRICOLES.

L'union du travail agricole et du travail industriel n'est nulle part développée sur une plus vaste échelle que dans le département du Nord, où elle est devenue la source de rapides progrès et d'une prospérité toujours croissante. Les liens qui les rattachent l'un à l'autre ne sauraient donc être brisés sans compromettre gravement l'intérêt présent et à venir des campagnes, aussi la Société, dans la pensée de les associer dans nos grandes exhibitions d'agriculture, décernera-t-elle, en faveur des industries et arts agricoles, les récompenses suivantes :

	d'or.	de vermeil.	d'argent.	de bronze.
1.° Produits divers de la Betterave saccharine. — Sucres à divers degrés d'épuration. — Alcool de mélasse ou de distillation de jus. — Potasse extraite des résidus, etc.	»	1	2	2
2.° Produits obtenus des Pommes de terre, — Fécule, — Sirop, — Glucose, — Liqueurs fermentées, Alcool	1	1	1	1

3.° Préparations variées résultant du traitement des céréales et autres grains farineux, par

| | RÉCOMPENSES à décerner. MÉDAILLES | | | |
	d'or.	de vermeil.	d'argent.	de bronze.
l'art de la meunerie; celui de la fermentation panaire, alcoolique ou acide, etc . . .	»	1	1	1
4.º Les Matières grasses et leurs déchets extraits des graines oléagineuses	»	1	1	1
5.º Les Lins, Chanvres et Plantes textiles, après les divers modes de rouissage, de teillage et de peignage.	1	1	1	1
6.º Produits de la fabrication des objets en bois. — Merrains. — Lattes. — Cercles. — Éclisses. — Rais. — Jantes. — Attèles de colliers. Sabots. — Articles de Boissellerie, de Tonnellerie, etc., etc	»	1	1	1
7.º Préparations d'arts divers : Corderie, Vannerie, Sparterie; fabrication de Fruits secs, Conserves au sucre, à l'eau-de-vie, au vinaigre, etc	»	1	1	1

§ VI. SERVICES ÉMINENTS RENDUS A L'AGRICULTURE.

Les Sociétés ou Comices d'Agriculture désigneront le cultivateur de leurs arrondissements respectifs, qui se sera fait connaître par les améliorations et les perfectionnements introduits avec le plus de fruit dans les diverses branches de l'économie rurale de la contrée : Le Jury central de l'Exposition décernera à chacun des trois plus méritants, UNE MÉDAILLE D'HONNEUR, grand module, en or, et aux quatre autres UNE MÉDAILLE semblable, en vermeil. La liste en sera transmise en outre au Gouvernement, comme signalant l'élite des hommes du progrès agricole dans le département le plus avancé en agriculture.

§ VII. CONCOURS DE LABOURAGE.

Ce concours aura lieu du 8 au 18 septembre 1859, d'après les règles qui seront ultérieurement indiquées.

Charrues attelées de deux chevaux.

1.er Prix : — Médaille d'argent et Prime de 50 francs.

2.e — Médaille de bronze et Prime de 25 francs.

Charrues attelées de deux bœufs ou vaches.

1.er Prix : — Médaille d'argent et Prime de 50 francs.
2.e — Médaille de bronze et Prime de 25 francs.

§ VIII. CONCOURS DE DRAINAGE.

Ce concours, ouvert pour les ouvriers et agents agricoles se livrant manuellement aux opérations du drainage, aura lieu du 8 au 18 septembre, d'après un règlement qui sera ultérieurement formulé.

Il sera décerné par ordre de mérite aux brigades d'ouvriers draineurs qui exécuteront les meilleurs travaux :

    1.er Prix. . . . . 75 fr.
    2.e Prix. 50
    3.e Prix. 25

CONCOURS DÉPARTEMENTAL D'ANIMAUX REPRODUCTEURS.

Dispositions réglementaires.

Art. 1.er Le Concours départemental d'animaux reproducteurs se tiendra le Samedi 17 Septembre 1859, à 10 heures du matin, sur la Grande Place d'Hazebrouck.

Art. 2. Les propriétaires d'étalons ou de taureaux qui se présenteront au concours devront être munis de certificats de MM. les maires de leur domicile, attestant que les sujets qu'ils présentent ont fait la monte, sans exclusion ni choix, jusqu'au jour du concours; et ils devront prendre l'engagement de les conserver, à la même destination, pendant les divers délais ci-après fixés.

Art. 3. Seront exclus du concours tous les animaux reconnus par le Jury comme ayant atteint un engraissement exagéré.

Art. 4. Le jury chargé de décerner les récompenses sera composé de deux délégués par arrondissement choisis dans le sein des Sociétés et Comices agricoles.

Dans les arrondissements où il existerait plus de deux de ces associations, chacune d'elles nommerait, parmi les juges du concours, un mandataire pour la représenter.

Art. 5. Le jury se réunira sur le lieu du Concours le 17 Septembre, à 10 heures du matin.

Dans le cas où les délégations de toutes les Sociétés et Comices n'élèveraient pas le nombre des membres du jury à *quinze*, il y sera pourvu par de nouvelles nominations faites par la Société d'agriculture d'Hazebrouck.

Les délibérations seront prises à la majorité des voix, et quel que soit le nombre des membres présents.

Art. 6. Les récompenses et encouragements à distribuer pour le Concours départemental d'animaux reproducteurs consisteront :

Race Chevaline.

Étalons de trois ans et au-dessus.

1.re prime . . . . . . 200 fr.
2.e id. 100

Les étalons du département ne seront pas admis à concourir.

Les propriétaires des sujets primés devront prendre l'engagement de les conserver pendant un an après l'obtention de la prime.

Le propriétaire d'un étalon étranger au département du Nord, qui aurait établi un stationnement hebdomadaire et régulier sur l'un des points du département, pourra concourir pour les primes, en se conformant aux conditions du programme.

Juments de tout âge en état de gestation ou ayant donné un poulain dans le courant de l'année 1859.

(On donnera la préférence aux juments accompagnées de leurs poulains.)

1.re prime. . 100 fr.
2.e — . . 75

Poulains.

1.re prime. . . 75
2.e id. . . 50

Race bovine (race flamande.)

Taureaux d'un an à dix-huit mois.

1.re prime. . . 250 fr.
2.e id. . . 200
3.e id. . . 150

Les sujets primés devront être conservés dans le département pendant un an après le concours

Taureaux de deux ans et au-dessus. (Race flamande).

1.re prime. . . 150 fr.
2.e id. . . 100

Taureaux de races diverses, sans condition d'âge.

1.re prime. . . 250 fr.
2.e id. . . 200
3.e id. . . 150

Ne seront admis au concours que les taureaux qui se trouvent dans le département depuis un an au moins.

*Génisses pleines n'ayant que deux dents
dites de remplacement.*

1.re prime. . . 100 fr.
2.e id. . . 75

Les génisses primées ne pourront sortir du département qu'un an après l'obtention de la prime.

Vaches laitières ou pleines de tout âge.

1.re prime. . . 100 fr.
2.e id. . . 75

Les vaches primées ne pourront sortir du département qu'un an après l'obtention de la prime.

Race ovine.

Béliers de race indigène ou étrangère.

1.re prime. . . 75 fr.
2.e id. . . 50

Race porcine (verrats).

1.re prime . . . . . 100 fr.
2.e id. 80
3.e id. 60
4.e id. 40

AGENTS AGRICOLES.

Pour encourager la fidélité, la bonne conduite et les longs et loyaux services des bergers, valets de charrue, ouvriers et servantes de ferme, la Société d'agriculture d'Hazebrouck décernera des *houlettes, piquets, bêches, houes, fourches, faucilles,* etc., d'honneur, accompagnés de *Primes* et de *Médailles,* aux agents agricoles de l'arrondissement d'Hazebrouck, savoir :

1.º Au berger le plus méritant pour les soins intelligents qu'il donne à son troupeau;

2.º Aux deux valets de charrue les plus capables dans la conduite de leurs chevaux, la bonne tenue de leurs attelages et les plus habiles dans le maniement des instruments aratoires;

3.º Aux quatre domestiques ou ouvriers de ferme qui se seront distingués par leur aptitude, leur zèle et leur courage dans les travaux qui leur sont habituellement confiés;

4.º Aux trois servantes de ferme qui auront mis le plus d'activité, de dévouement et de capacité dans les diverses parties du service intérieur qui sont dans leurs attributions.

Ne seront admis à concourir, pour les récompenses précédentes, que les agents agricoles employés au moins pendant *vingt-cinq ans* dans la même exploitation. Après cette période, les titres de préférence seront bien plus puisés dans la qualité et la moralité des services rendus que dans leur durée. Les concurrents devront fournir des certificats signés de deux cultivateurs de leurs communes, avec légalisation du Maire, attestant qu'ils remplissent les conditions ci-dessus indiquées. Cette pièce devra être, en outre, revêtue de l'attestation de l'un des Membres de la Société d'agriculture d'Hazebrouck les plus voisins, qui, après vérification des faits, en garantira personnellement la véracité et l'exactitude.

PRIMES ET MÉDAILLES DIVERSES.

La Société d'agriculture d'Hazebrouck se réserve d'accorder, comme récompenses ou encouragements, des *Primes* ou des *Médailles* pour les efforts faits dans la voie des progrès agricoles, en dehors des sujets repris dans le présent programme.

Elle pourra également, toutes les fois que le mérite des concurrents le justifiera, augmenter la valeur des prix indiqués dans les divers concours ouverts en faveur de l'agriculture dans l'arrondissement d'Hazebrouck.

DISTRIBUTION GÉNÉRALE ET SOLENNELLE

DES PRIMES ET MÉDAILLES

Remportées à l'Exposition agricole et aux divers concours ouverts en 1859, par la Société d'agriculture d'Hazebrouck.

Le 18 septembre 1859, dans une séance publique et solennelle, il sera procédé, en présence des Autorités, des Délégués des Chambres consultatives d'agriculture, des Sociétés et Comices agricoles, des Sociétés d'horticulture, des Membres des Jurys des divers concours, à la distribution générale des récompenses, primes et médailles obtenues dans les expositions et concours agricoles énoncés dans le présent programme.

Fait et arrêté en séance, à l'Hôtel-de-Ville d'Hazebrouck, le 17 janvier 1859.

<table>
<tr><td>Le Secrétaire de la Société,</td><td>Le Président de la Société,</td></tr>
<tr><td>C. DEBERDT.</td><td>F. CAPPON.</td></tr>
<tr><td>Vu pour être approuvé :</td><td>Approuvé :</td></tr>
<tr><td>Hazebrouck, le 25 janvier 1859.</td><td>Lille, 1.er février 1859.</td></tr>
<tr><td>Le Sous-Préfet,</td><td>Le Préfet du Nord,</td></tr>
<tr><td>F. DE MONNECOVE.</td><td>VALLON</td></tr>
</table>

COMITÉ D'ORGANISATION.

M. Le Sergeant de Monnecove, Sous-Préfet d'Hazebrouck, ayant accepté la mission que M. Cappon, Président de la Société d'agriculture d'Hazebrouck, avait été chargé de lui offrir, a convoqué pour le mardi 5 juillet à 9 heures et 1/2 du matin, à l'Hôtel de la Sous-Préfecture, les personnes désignées pour faire partie du Comité d'organisation de la 4.e exposition agricole et du concours d'animaux reproducteurs du département du Nord. Ce Comité a été constitué de la manière suivante :

Président... M. Le Sergeant de Monnecove, Sous-Préfet.

Secrétaire.. M. Deberdt, conseiller municipal, percepteur et secrétaire de la chambre consultative d'agricult.^e

Membres.. MM. Houcke, maire d'Hazebrouck.

Warein, conseiller municipal, ancien député.

Lespagnol, juge d'instruction et conseiller d'arrondissement.

Bieswal, juge de paix du canton d'Hazebrouck-N.

Claudorez (Lambert), conseiller d'arrondissement et maire de Morbecque.

Deschodt, conseiller municipal et conseiller général du Nord.

Guermonprez, conseiller municipal et propriétaire-gérant de l'*Indicateur*.

Claudorez (Dominique), conseiller municipal et membre de la chambre consultative d'agric.^{re}

Debaecker, conseiller municipal, secrétaire du conseil d'hygiène publique et de salubrité, et inspecteur de la pharmacie.

SOUDANT, agent-voyer principal d'arrondissement.
VANDEWALLE (Justin), membre de la chambre
consult. d'agric. et de la commission hippique.
LOBBEDEZ , médecin-vétérinaire et membre du
conseil d'hygiène publique et de salubrité.
SMAGGHE, notaire.
MARGERIN, propriétaire.

Le Comité s'est ensuite réuni tous les lundis, à trois heures
après-midi, et il a pris successivement les résolutions suivantes :

1.º L'exposition agricole sera organisée dans les bâtiments
du Collége communal;

2.º Le réfectoire recevra les produits du sol ;

3.º La cour intérieure sera destinée au placement de quelques
machines agricoles de petite dimension;

4.º La salle de musique servira d'annexe au réfectoire pour
les végétaux et les produits des industries agricoles qui n'auraient
pu trouver place dans le réfectoire;

5.º La cour de recréation renfermera les machines agricoles
de grande dimension ;

6.º Le préau couvert servira pour l'exhibition des outils et
des instruments aratoires ;

7.º Une grande volière occupera le côté droit de la cour
de recréation ;

8.º Le jardin de la sous-préfecture, mis en communication
avec la cour du collége, comprendra l'exposition d'horticulture
et de silviculture.

9.º Le concours de drainage aura lieu le mardi 13 septembre,
à 10 heures du matin, et le concours de labourage, le jeudi 15
septembre, à dix heures du matin.

10.º Le concours départemental d'animaux reproducteurs sera or-
ganisé sur la Grande Place d'Hazebrouck, le samedi 17 septembre,
à 10 heures du matin.

11.º La réception des objets admis à l'exposition se fera tous
les jours, au Collége d'Hazebrouck, de 10 heures du matin à
midi, et de 4 à 5 heures du soir, à partir du 25 août.

12.º La réunion et la constitution du jury central s'effectueront
le mercredi 7 septembre, à 4 heures après-midi, à l'hôtel-de-
ville d'Hazebrouck.

13.º L'ouverture solennelle de l'exposition aura lieu le jeudi
8 septembre, à 11 heures du matin.

14.º L'exposition sera ouverte jusqu'au 18 septembre inclusi-
vement, de 10 heures du matin à midi, et de 2 à 5 heures du soir.

15.° L'entrée de l'exposition sera toujours gratuite pour les membres du jury central, du comité d'organisation, de la société d'agriculture d'Hazebrouck et pour les exposants, même pour ceux du concours départemental d'animaux reproducteurs ; elle sera publique les dimanches 11 et 18 septembre ; les autres jours les visiteurs seront reçus moyennant une rétribution de 25 centimes par personne.

16.° MM. les exposans recevront leurs cartes d'entrée au moment où ils apporteront les objets qu'ils destinent à l'exposition.

17.° La distribution solennelle des récompenses se fera le dimanche 18 septembre à 10 heures du matin, sous la colonnade de l'Hôtel-de-Ville ; le banquet agricole aura lieu le même jour, vers 4 heures après-midi, dans le salon blanc de l'Hôtel-de-Ville.

Des commissions spéciales ont été organisées pour la direction des diverses opérations et ont été composées de la manière suivante :

Commission de l'Exposition

Chargée de la réception et du classement de tous les objets admis à l'exposition départementale d'agriculture du Nord.

Président... M. LESPAGNOL.
Secrétaire.. M. DEBAECKER.
Membres.. MM. GUERMONPREZ.
SWAGGHE.
MARGERIN.
CLAUDOREZ, Lambert.
CLAUDOREZ, Dominique.

Commission du Concours de Drainage.

Président... M. SOUDANT.
Membres.. MM. DEBERDT.
CLAUDOREZ, Lambert.

Commission du Concours de Labourage.

Président... M. CLAUDOREZ, Dominique.
Membres.. MM. SOUDANT.
VILLETTE.

Commission du concours d'animaux reproducteurs.

Président... M. VANDEWALLE, Justin.
Secrétaire. M. LOBBEDEZ.
Membres.. MM. CLAUDOREZ, Dominique.
CLAUDOREZ, Lambert.
VILLETTE.

Commission du banquet agricole.

Président... M. DESCHODT.
Membres. MM. BRESWAL.
SWAGGHE.

La Commission du Concours de drainage a pris les dispositions réglementaires suivantes :

Art. 1.er — Le Concours de drainage aura lieu le mardi 13 septembre, à dix heures du matin, sur un terrain appartenant à M. Dominique Claudorez et situé près d'Hazebrouck, le long du sentier d'Hondeghem.

Art. 2. — Les concurrents devront se faire inscrire, au moins huit jours à l'avance, au secrétariat de la Société d'agriculture d'Hazebrouck.

Art. 3. — Chaque brigade devra se composer de trois ouvriers.

Art. 4. — Des parcelles de terre de 50 mètres de longueur seront préparées à l'avance pour les concurrents ; chacune portera un numéro.

Art. 5. — Après l'appel des concurrents, les parcelles leur seront assignées par le sort.

Art. 6. — Ils commenceront le travail à un signal donné ; il sera tenu note du temps employé par chaque brigade pour le terminer.

Art. 7. — La profondeur des sillons sera déterminée au moment du concours.

Art. 8. — Le jury aura égard à la quantité de terre remuée par chaque brigade ; en admettant que deux brigades aient rempli d'ailleurs toutes les conditions du Concours, il placera en première ligne celle qui aura remué moins de terre et montré plus de célérité.

La Commission du Concours de labourage a pris les dispositions réglementaires suivantes :

Art. 1.er — Le Concours de labourage aura lieu le jeudi 15 septembre, à dix heures du matin, sur un terrain appartenant à M. Boucquel de Beauval et situé le long du chemin dit Picaert-straete, au territoire de Morbecque.

Art. 2. — Des parcelles de terre de 10 ares seront préparées à l'avance pour les concurrents, elles porteront chacune un numéro.

Art. 3. — Les concurrents devront se faire inscrire, au moins huit jours à l'avance, au secrétariat de la Société d'agriculture d'Hazebrouck.

Art. 4. — Après l'appel des concurrents, les parcelles leur

seront assignées par le sort ; ils commenceront le travail à un signal donné.

Art. 5. — Il sera tenu note du temps employé par chaque laboureur, de la profondeur des sillons et de toutes les circonstances du labour.

Art. 6. — Le concurrent qui recevrait des conseils ou des signaux serait écarté du Concours.

Art. 7. — Les concurrents et les membres du jury auront seuls accès sur le terrain du Concours.

La Commission du Banquet a proposé les résolutions suivantes, qui ont été adoptées :

Le prix de la souscription est fixé à 10 fr.

Des invitations seront adressées aux principales autorités du département, aux membres du jury central de l'exposition agricole et à ceux du jury spécial du concours des animaux reproducteurs, aux principaux lauréats et collaborateurs des solennités agricoles, et aux présidents des sociétés d'agriculture et d'horticulture du département du Nord.

EXPOSITION ET CONCOURS.

CATALOGUE

des produits admis à la 4ᵉ Exposition agricole du département du Nord.

§ I. — CULTURES.

Céréales.

Anquez, à Gravelines. — Avoine.

Bacquet-Moison, à St-George. — Blé locar.

Belle, à Bourbourg-Campagne. — Blé blanc, 3 variétés ; blé roux, 2 variétés ; blé anglais, 2 variétés ; avoine du pays.

Bernard, à Roost-Warendin. — Blé anglais, 2 variétés ; avoine jaune du pays.

Bourel-Galiot, à Hazebrouck. — Blé blanzé du pays; blé anglais (Lord Ducy); avoine blanche du pays.

Braquaval, à Hem. — Blé blanc du pays ; blé blanc anglais, 11 variétés ; blé roux anglais, 15 variétés ; blé de mars du pays ; blé mélangé, 2 variétés ; avoine de Bourbourg ; avoine d'Écosse ; avoine de Hongrie.

Caron, à Loon. — Blé blanc du pays; blé blanc anglais, 4 variétés ; blé roux anglais, 2 variétés ; blé-seigle ; scourgeon ordinaire ; avoine du pays.

Claeysen-Godard, à Bourbourg. — Avoine blanche.

CLAUDOREZ (L.) à Morbecque. — Blé blanc du pays (court grain); blé blanc (lord Duc); [illegible]; avoine blanche.

COCQUEREL, à Bourbourg. — Blé doré; blé dit prince Albert.

DEBLOCK (Benoît), à Hazebrouck. — Blé blanzé du pays, 2 var.

DELAFOSSE, à St.-Pierre-Brouck. — Avoine du pays.

DELANGRE, à Nieppe. — Avoine blanche du pays.

DEMEERSSEMAN, à Borre. — Blé blanc du pays; avoine blanche.

DEBOO, à Merville. — Blé blanzé du pays, 2 variétés.

DESEURE, à Walloncappel. — Blé blanc du pays.

DESMIDT, à Hazebrouck. — Blé blanzé du pays; avoine blanche du pays.

DEVEY, à Brouckerque. — Blé roux du pays dit blé locar.

DILLY, à la Bassée. — Blé blanzé du pays; blé blanzé de mars; blé barbu du pays; blé anglais roux; avoine de mars.

DEYTSCHE, à Bourbourg. — Blé locar, 3 variétés.

FAUCHEZ, à Emmerin. — Blé blanc du pays, 3 variétés; blé anglais, 3 variétés; orge céleste; orge noire; avoine blanche; avoine noire.

FIEVET, à Masny. — Blé blanzé du pays; blé velouté; blé anglais, 5 variétés; avoine blanche; avoine noire de Tartarie.

GOUVION, à Denain. — Blé blanc du pays; blé anglais, 4 variétés.

GRUYELLE, à Houplin. — Blé blanzé du pays; blé blanc barbu du pays; blé anglais, 3 variétés; scourgeon orge d'hiver; avoine blanche; collection de graines.

HAET, à Steenvoorde. — Blé blanzé du pays; avoine.

HENNON, à Loon. — Blé souris.

HUBERT, à Loon. — Blé blanc du pays; blé doré; blé roux à épi carré; blé anglais, 5 variétés; avoine du pays; avoine blanche de Hongrie.

LANDRON, à Brouckerque. — Blé anglais, 5 variétés; avoine blanche du pays.

LEFRANC, à Loon. — Blé doré à paille blanche.

LEPEUPLE, à Bersée. — Blé blanc du pays; blé hybride.

LEROY-DUBOIS, à Illies. — Blé blanc du pays; blé blanc velouté; blé blanc barbu; blé poulard roux; avoine blanche; avoine à grappes.

LOQUET-HUBERT, à St.-Georges. — Scourgeon noir.

LORIDAN, à Merville. — Blé blanc du pays, 2 variétés; blé anglais, 2 variétés; blé de mars; blé d'avril; avoine blanche du pays, 2 variétés.

LOUF, à St.-Georges. — Blé blanc du pays; blé à épis carrés.

MAHIEU, à Capelle. — Blé blanzé du pays; blé anglais, 2 variétés; avoine du pays, 2 variétés.

Porqcet, à Bourbourg. — Blé du pays, 4 variétés ; blé étranger, 11 variétés, scourgeon blanc du pays, 2 variétés ; scourgeon étranger, 4 variétés ; avoine blanche ; avoine jaune du pays ; avoine de Bretagne ; avoine blanche de Hongrie ; avoine d'hiver de Sibérie, 2 variétés ; pamelle, 5 variétés.

Potie, à Merville. — Blé blanzé du pays ; blé étranger à épis carrés.

Prevost, à Hazebrouck. — Blé blanzé du pays.

Rahoit, à Hazebrouck — Blé mélangé du pays.

Rochart, à Estaires. — Blé blanzé du pays ; blé barbu blanc ; blé barbu roux ; blé mélangé ; blé d'Espagne.

Sapeliez, à Steenvoorde. — Maïs.

Seingier, à Steenwerck. — Avoine blanche du pays.

Six (Florimond), à Wambrechies. — Blé blanzé ; blé anglais, 2 variétés ; blé d'Egypte (dit souris) ; orge cavalier ; avoine hative ; avoine jaune.

Tetiart, à Bourbourg-Campagne. — Blé du pays ; blé roux.

Theetien, à Hazebrouck. — Blé du pays.

Vandercolme, à Dunkerque. — Blé prince Albert et 3 autres variétés de blé anglais.

Verhelst, à Lille — Blé blanc du pays ; avoine blanche.

Verstraet, à Hazebrouck. — Blé souris.

Villette, à Pradelles. — Blé blanzé du pays ; blé blanc (court grain ; blé barbu souris ; avoine blanche du pays.

Wasca-Hubert, à St.-Georges. — Blé roux.

Wemaere, à Spycker. — Blé anglais roux barbu.

Exposants étrangers au département.

Dupont. à Sangatte (Pas-de-Calais). — Blé prince Albert.

Proyaert, à Hendecourt-lez-Cagnicourt (Pas-de-Calais). Blé du pays, 5 variétés ; blé anglais, 6 variétés.

Plantes et Racines fourragères.

Bailleux, à Hazebrouck. — Betteraves.

Beauval (de), à Morbecque. — Maïs.

Bouriel-Galiot, à Hazebrouck. — Foin (prairie naturelle) ; betteraves.

Braquaval, à Hem. — Féverolles ; hivernage ; lupuline ou minette.

Broy, à Hazebrouck. — Millet du midi.

Caron, à Loon. — Féverolles ; orgette ; seigle multicolore ; navets ; turneps ; rutabagas.

Claudorez (Dominique), à Hazebrouck. — Fèverolles.

Croo (Charles) à Hazebrouck. — Betteraves à vaches.

Deblock, à Boeseghem. — Blé millet.

Defoort, à Hazebrouck. — Orge ; luzerne.

Delangre, à Nieppe. — Hivernage ; trèfle du pays (1re coupe) ; trèfle du pays (2e coupe) ; trèfle incarnat (anglais) ; betteraves.

Demeersseman, à Borre. — Fèverolles ; betteraves.

Dereuder, à Spycker. — Betteraves.

Deroo (François), à Merville. — Trèfle ou tranen ; trèfles (2e coupe) ; fèverolles (waratz) ; millet.

Deschodt, à Bourbourg. — Seigle ; trèfle ordinaire ; minettes ; sainfoin ; foin blanc.

Deseure, à Walloncappel. — Fèverolles ; betteraves.

Desmidt, à Hazebrouck. — Fèverolles.

Despierre, à Hazebrouck. — Betteraves

Desoutter, à Hazebrouck. — Luzerne (3e coupe).

Dupont frères, à Pont-à-Marcq. — Mélilots blancs de Sibérie.

Duverly, à Merville. — Blé d'oiseau.

Fauchez, à Emmerin. — Millet ; maïs ; topinambours.

Fiévet, à Masny. — Fèverolles ; hivernage ; luzerne ; trèfle ou tranen ; seigle.

Gruyelle, à Houplin. — Fèverolles ; hivernage ; trèfle ; trèfle incarnat ; sainfoin ; seigle ; betteraves.

Haeuw, à Looberghe. — Ray-grass.

Haricot (veuve), à Hazebrouck. — Millet.

Hubert, à Loon. — Fèverolles ; hivernage ; seigle.

Lambrecht, à Hazebrouck. — Maïs.

Landron, à Brouckerque. — Fèverolles ; luzerne ordinaire.

Lefranc, à Loon. — Vesces d'hiver.

Lemetter, à Hazebrouck. — Fèverolles ; betteraves.

Leroy-Dubois, à Illies. — Hivernage.

Leroy (veuve), à Hazebrouck. — Betteraves.

Levive, à Hazebrouck. — Betteraves.

Loridan, à Merville. — Fèverolles fines, 2 variétés ; fèverolles grosses ; blé millet ; trèfle du pays, 4 variétés ; blé millet ; hivernage, 3 variétés ; betteraves, 10 variétés ; betteraves (semence) ; trèfle du pays (semences) ; semence d'herbe du pays.

Louf-Wasca, à St-Georges. — Fèverolles.

Lyoen, à Walloncappel. — Betteraves.

Maerten, à Hazebrouck. — Betteraves.

Marrie, à Morbecque. — Millet.

MEURILLON, à Hazebrouck. — Topinambours.

MOREAU, à Millam. — Fèverolles.

PORQUET, à Bourbourg. — Maïs ; fèverolles flamandes ; fèves vertes d'Hymalaya ; pois michaud ; pois de Hollande bleus ; pois de Hollande verts ; seigle.

ROCHART, à Estaires (Doulieu). — Fèverolles ; hivernage, 2 variétés ; sainfoin ; sainfoin mélangé de trèfle, 2 variétés ; millet.

SEINGIER, à Steenwerck. — Fèverolles.

SIX (Florimond), à Wambrechies. — Fèverolles ; maïs ; sarrasin ; foin ; hivernage ; trèfle du pays ; trèfle incarnat ; seigle, 2 variétés ; mélilots de Sibérie ; betteraves.

TETTART, à Bourbourg-Campagne. — Sarrazin ; seigle ; foin blanc ; sainfoin ; vesces d'été ; vesces d'hiver.

THÉRY, à Steenwerck. — Topinambours.

VANDERCOLME, à Dunkerque. — Ray-grass d'Italie (1.re coupe) ; ray-grass d'Italie (2me. coupe) ; ray-grass d'Italie (3me. coupe).

VANDEWALLE V., à Hazebrouck. — Topinambours.

VILLETTE (Auguste), à Pradelles. — Fèverolles ; trèfle (1.re coupe) ; trèfle (2e. coupe) ; maïs ; seigle ; betteraves.

WACKERNIE, à Cassel. — Maïs rouge ; maïs jaune.

WEENS, à Meteren. — Fèverolles.

Exposant étranger au département.

PROYAERT, à Hendecourt-lez-Cagnicourt (Pas-de-Calais). — Maïs ; variétés de betteraves.

Plantes oléagineuses, Textiles, Economiques, Tinctoriales et Médécinales.

ALAVOINE, à Baisieux. — Lin de mars.

BACROT-HUCHETTE, à Steenwerck. — Tabac.

BELLE, à Bourbourg-Campagne. — Lin.

BODDAERT, à Caestre. — Tabac (plantes) ; tabac (feuilles).

BOUREL-GALIOT, à Hazebrouck. — OEillette ; pavot blanc ; tabac (feuilles) ; tabac (plantes).

BOUREL (veuve), à Hazebrouck. — Tabac ; houblon (tiges).

BOUREY (Pierre), à Hazebrouck. — Café.

BRAQUAVAL, à Hem. — Colza parapluie ; colza froid (fleur jaune ; colza (fleur blanche) ; lin de mars ; cameline ; sorgho.

BROUSSART, à Bourbourg. — Betteraves à sucre.

BROY, à Hazebrouck. — Rhubarbe, 2 variétés.

CABY, à Douai. — Chanvre.

CAILLIAC (Florimond), à Caestre. — Houblon.

CARLIER, à Steenbecque. — Betteraves.

CABON, à Loon. — Lin, 2 variétés.

CHARLET-LEMIRE, à Merville. — Tabac.

CLAYSEN, à Bourbourg. — Osiers.

CLAUDOREZ (Lambert), à Morbecque. — Lin (fleur blanche ; œillette.

CLEENEWERCK-DEGUIDT, à Hazebrouck. — Œillette ; tabac.

CORNIAUX, à Merville. — Tabac.

COURBRONNE-GAZET, à Steenbecque. — Tabac (feuilles).

COURIER, à Leers. — Lin de mars ; lin de mai.

COUSYN (veuve), à Hazebrouck. — Betteraves à sucre.

DEBERDT (Emmanuel), à Flêtre. — Houblon.

DEBERDT (Henri), à Caestre. — Houblon.

DECOOPMAN (Henri), à Hazebrouck. — Œillette ; cameline ; tabac (plantes).

DEGRENDEL, à Hazebrouck. — Betteraves à sucre.

DEHAINE, à Hazebrouck. — Lin.

DELANGRE, à Englos. — Lin de mars (fleurs bleues).

DELHELLE, à Watten. — Chanvre mâle et femelle.

DEMARESCAUX (Charles), à Eecke. — Houblon.

DEPAEUW, à Hazebrouck. — Betteraves.

DEROO (François), à Merville. — Lin de mars (fleurs blanches) ; lin rose (fleurs bleues) ; betteraves.

DEROO-DUFLOS, à Merville. — Lin rose.

DESEURE, à Wallon-Cappel. — Colza ; Houblon.

DESMIDT (Louis), à Hazebrouck. — Œillette ; cameline.

DESPREZ, à Capelle (Lille). — Betteraves, 18 variétés.

DILLY, à la Bassée. — Lin de mars (fleurs blanches).

DUMORTIER-COCHETEUR, à Forest. — Lin brut.

DUPONT frères, à Pont-à-Marcq. — Sorgho alimentaire de Kabylie ; lin de mars ; café indigène ; lin d'Algérie de mars ; graines de colza parapluie ; betteraves à sucre.

EVERWYN, à Hazebrouck. — Œillette.

FAÇON, à Wallon-Cappel. — Lin de mars.

FARCHEZ, à Emmerin. — Sorgho imphy ; sorgho sucré ; sorgho à balais ; betteraves blanches à sucre ; betteraves jaunes à sucre.

FIEVEL, à Masny. — Lin de Riga 1857 ; lin de Riga 1859 ; betteraves à sucre (collet rose).

GOBION, à Watten. — Chanvre mâle et femelle.

GRENON, à Looberghe. — Cameline.

GRUYELLE, à Houplin. — Colza ordinaire (fleur jaune) ; colza parapluie ; lin ; betteraves à sucre.

HAEU, à Steenvoorde. — Lin ; houblon.

HENEBEL, à Merris. — Lin.

HUBERT, à Loon. — Chanvre ; betteraves (collets rose et vert).

JOETS (Frédéric), à Hazebrouck. — Rhubarbe.

LAMBRECHT, à Hazebrouck. — Rhubarbe ; hélianthe.

LANDRON, à Looberghe. — Betteraves dites globes jaunes.

LAURENT, à Loon. — Cameline.

LECAT-BUTIN, à Bondues. — Lin.

LEMETTER, à Hazebrouck. — Œillette.

LEPEUPLE, à Bersée. — Betteraves, 17 variétés.

LEROY-DUBOIS, à Illies. — Lin, 3 variétés ; colza (fleur blanche) ; colza (fleur jaune).

LESTARQUIT (frères), à la Bassée. — Chicorée.

LEVIVE, à Hazebrouck. — Lin.

LORIDAN-LORIDAN, à Merville. — Colza, 2 variétés ; lin de mars ; cameline ; moutardelle ; chicorée.

LOUF, à St-Georges. — Lin, 2 variétés.

MABOR, à Avelin. — Sorgho.

MACRÉ-GERVAIS, à Watten. — Chanvre mâle et femelle.

Le Magasin de Lille. — Tabac.

Le Magasin de Merville. — Tabac.

MAGNIEX, à Wazemmes. — Lin, 2 variétés.

MAHIEU, à Capelle. — Betteraves à sucre.

MARQUANT-COUVREUR, à Gondecourt. — Chicorée.

MARRIE, à Morbecque. — Cameline.

MOREEL, à Eecke. — Houblon (plant de Spalt), cultivé dans le pays.

PATTEYN (Jean), à Hazebrouck. — Betteraves à vaches (variétés).

PENIN, à Morbecque. — Tabac.

PORQUET, à Bourbourg. — Lin vert (nombreuses variétés).

POTIER, à Merville. — Tabac.

ROMOND, à Marquillies. — Chicorée.

ROUHART, à Estaires (Doulieu). — Armoise ; absinthe.

PORQUET, pour M. Ryckewaert, à Bourbourg. — Lins avec graines et préparés.

SCHRICKKE (Justin), à Hazebrouck. — Hélianthe.

SCRIVE (frères), à Marc-en-Barœul. — Lin vert.

SEINGIER, à Steenwerck. — Osiers.

SIX, à Wambrechies. — Colza, 5 variétés ; œillette ; cameline ;

lin (fleur bleue) ; navette ; sorgho ; chanvre ; osiers ; mo. tarde blanche ; camomille ; éperon-chevalier ; mauve ; tabac d'Amérique.

Stragier et Ghesquière, à Dunkerque. — Chicorée en poudre.

Tettart, à Bourbourg-Campagne. — Colza ; lin ; cameline ; osiers ; betteraves, 2 variétés.

Trottein, à Hazebrouck. — Lin.

Vandenbavière, à Bourbourg. — Lins.

Vandenbussche, à Arnèke. — Lin.

Vandenberghe, à Hazebrouck. — Lin de mai.

Vangraefschèpe, à Steenvoorde. — Colza.

Verbèke, à Steenvoorde. — Houblon vert.

Vermote (Henri), à Hazebrouck. — Plante filamenteuse.

Villette, à Pradelles. — Lin de mars ; lin de mai ; cameline ; houblon ; osiers.

Wackernie, à Cassel. — Chanvre.

Plantes potagères.

Bacquet-Moison, à St-Georges. — Pois bleus dits de Noyon.

Bailleux, à Hazebrouck. — Oignons ; carottes ; salades et graines ; betteraves.

Beauval (de), à Morbecque. — Pommes de terre (collection); concombres blancs.

Beutin (Eustache), à Bourbourg. — Pommes de terre (35 variétés) ; haricots (85 variétés).

Boddaert, Louis, à Hazebrouck. — Haricots ; oignons.

Broy, à Hazebrouck. — Ignames de la Chine.

Caron, à Loon. — Pommes de terre (Chardon).

Cavril, à Hazebrouck. — Pommes de terre ; haricots.

Chieux, à Hazebrouck. — Oignons.

Claysen-Godard, à Bourbourg — Pois bleus.

Claudorez (Dominique), à Hazebrouck. — Haricots flageollets ; chou rouge.

Claudorez (Lambert), à Morbecque. — Pommes de terre (basverts).

Collerie, à Morbecque. — Haricots (lingots).

Croo (Charles), à Hazebrouck. — Oignons; pommes de terre ; poireaux ; choux.

David, à Morbecque. — Haricots ; échalottes ; pois ; salades.

Debaecker, à Hazebrouck. — Pommes de terre (collection).

Deboudt, à St.-Sylvestre-Cappel. — Oignons.

Debrock, à Hazebrouck. — Haricots ; thym.

Decupper, à Hazebrouck. — Echalottes.

Daire (Henri), à Hazebrouck.— Oignons; choux rouges; carottes.

Delangre-Salembiez, à Nieppe. — Haricots ; pommes de terre.

Depaeuw (Ange), à Hazebrouck. — Haricots blancs.

Deroo, à Hazebrouck. — Haricots.

Deroo (les enfants), à Hazebrouck. — Haricots.

Deswarte (Joseph), à Hazebrouck. — Haricots.

Les frères de la doctrine chrétienne, à Hazebrouck. — Thym.

Fagoo, à Bailleul. — Carottes ; céleri ; poireaux.

Fauchez, à Emmerin. — Choux, 2 variétés ; oignons, 3 variétés; navets ; pommes de terre ; carottes ; igname de la Chine.

Fauvre, à Ascq. — Igname de la Chine.

Grange (le B.on de la), à Morbecque. — Pois, 2 variétés ; navets ; artichauts.

Gruyelle, à Houplin. — Pommes de terre (Chardon).

Haeuw, à Looberghe. — Haricots.

Havez (Charles), à Hazebrouck. — Haricots.

Havez (Auguste), à Hazebrouck. — Oignons d'Egypte.

Hubert, à Loon. — Pommes de terre (Chardon) ; fèves plates flamandes.

Huyghe, à Hazebrouck. — Collection de graines, 11 variétés.

Lambrecht (Charles), à Hazebrouck. —Aulx; oignons; poireaux; cerfeuil bulbeux; igname de la Chine.

Landron, à Brouckerque. — Pois bleus (dits de Noyon).

Lemetter (François), à Hazebrouck. — Poireaux (graines).

Lemetter (Louis), à Hazebrouck. — Oignons.

Lestavel, à Hazebrouck. — Haricots.

Looxis (Charles), à Hazebrouck. — Oignons.

Loquet-Lecu, à St-Georges. — Pois bleus et jaunes.

Louf, à St-Georges. — Pois bleus nains.

Loridan-Loridan, à Merville. — Haricots, 8 variétés ; fèves plates; pois verts; betteraves; pommes de terre (variétés); oignons rouges ; carottes ; poireaux ; navets ; betteraves ; salade (semence); cerfeuil (semence) ; carottes (semence).

Mallevois (veuve), à Hazebrouck. — Salsifis.

Meurillon, à Hazebrouck.— Choux verts et choux rouges; bonnes dames; pois chiches; oignons, 2 variétés; poireaux hâtifs du Poitou.

Minne (Henri), à Hazebrouck. — Poireaux ; navets ; carottes; oignons ; échalottes ; ail.

Ourdouille, à Hazebrouck. — Haricots ; échalottes.

Porquet, à Bourbourg. — Pommes de terre (70 variétés) ; haricots (30 variétés) ; igname de la Chine (fécule).

Samarcq (Charles-Louis), à Hazebrouck. — Pommes de terre

Sapelier, à Steenvoorde. — Pommes de terre ; chou rouge.

Seingier, à Steenwerck. — Aulx ; haricots.

Six, à Wambrechies — Oignons ; aulx ; échalottes fines.

Tettart, à Bourbourg-Campagne. — Pommes de terre précoces; pois bleus.

Thiéry, à Steenwerck. — Artichaut.

Vandamme (Justin), à Hazebrouck. — Échalottes.

Vanwaelscappel, à Hazebrouck. — Pommes de terre (plante).

Vermoote (Henri), à Hazebrouck. — Haricots, 2 variétés ; choux rouges et choux verts ; poireaux ; betteraves avec graines

Verstraet, à Hazebrouck. — Pommes de terre, 2 variétés ; navets; carottes ; oignons ; poireaux ; céleri ; cornichons (semence).

Villette, à Pradelles. — Pommes de terre diverses ; navets ; haricots, 3 variétés ; carottes ; choux rouges ; salsifis ; estragon ; betteraves ; fèves plates.

Wackernie, à Cassel. — Pommes de terre ; échalottes.

Wyckaert, à Hazebrouck. — Pommes de terre ; haricots.

Plantes potagères à fruits comestibles, Fruits, Fleurs et Arboriculture.

Angèle (Benoît), à Hazebrouck. — Cerisier du Pérou.

Beauval (de), à Morbecque. — Melon noir ; melon cantalou ; oranges ; pommes, épine cotonneuse ; noisettes de Constantinople; noisettes de Barcelone.

Beesau, à Hazebrouck. — Potiron.

Beutin (Eustache), à Bourbourg. — Pommes, 45 variétés.

Bourel (Auguste), à Hazebrouck. — Poires, passe-Colmar.

Broy, à Hazebrouck. — Pommes, cœur de pigeon ; amandes du midi.

Chevalier, à Cassel. — Raisins ; tomates ; citrouille.

Chieux (Charles-Louis), à Hazebrouck. — Raisins.

Claudorez (Dominique), à Hazebrouck. — Potiron.

Cleenewerck, à Hazebrouck. — Melon cantalou ; poires (collection) ; raisins.

Cortyl (veuve), à Caestre. — Raisins ; potiron.

Coubronne-Gazet, à Steenbecque. — Poires et pommes; raisins.

Demeyer (Justin), à Hazebrouck. — Melon.

Durez (Jean-Baptiste), à Hazebrouck. — Fuschia.

Fauchez, à Emmerin. — Potiron.

Galant (Amand), à Hazebrouck. — Reine-Marguerite.

Gervois-Everwyn, à Hazebrouck. — Géranium.

Gobrecht (Jules), à Hazebrouck. — Poires (collection).

Gosson (Jean-Baptiste), à Hazebrouck. — Pêches.

Goudaert, à Hondschoote. — Poire (duchesse d'Angoulême).

Grange (le B.on de la), à Morbecque. — Fruits (collection); fleurs (collection).

Guermonprez, à Hazebrouck. — Figues.

Herry, à Bailleul. — Poires (collection).

Houvenaghel (Justin), à Hazebrouck. — Fuschia.

Joets (Frédéric), à Hazebrouck. — Collection de fleurs; poires

Jongheryck, à Hazebrouck. — Poires et pommes.

Lambrecht (Ch.), à Hazebrouck. — Dahlia; melon; melon d'eau.

Laheyne (Auguste), à Hazebrouck. — Fuschia (variétés).

Looses, à Hazebrouck. — Fuschia (la duchesse de Lancastre).

Mallevois (veuve), à Hazebrouck. — Potirons.

Marsael (Charles), à Hazebrouck. — Fuschia.

Meurillon, à Hazebrouck. — Pois de senteur.

Mirland, à Ascq. — Pâte de pomme.

Naels (Dominique), à Cassel. — Potiron.

Papegaey (Charles), à Hazebrouck. — Coloquintes ; citrouille.

Papegaey (Henri), à Hazebrouck. — Dalhia.

Papegaey (Zacharie), à Hazebrouck. — Courge.

Rancy (François), à Hazebrouck. — Collection de potirons.

Rose, à Hazebrouck. — Tomates.

Rouhart, à Estaires. — Concombre ; citrouilles.

Ruyssen (Frédéric), à Hazebrouck. — Pommes.

Thery, à Steenwerck. — Collection de fruits ; collection de poires (145 variétés).

Salome (Louis), à Hazebrouck. — Rose trémière.

Seingier-Legris, à Steenwerck. — Fruits.

Vandewalle (Edouard), à Hazebrouck. — Potiron ; courges , raisins, etc.

Vanhove (Eusèbe), à Hazebrouck. — Myrthe.

Verbeke (Raimond), à Hazebrouck. — Courge.

Vermote (Henri), à Hazebrouck. — Oranges ; citronnier.

Villette, à Pradelles. — Fruits; rocher (plante grasse); cactus, 2 variétés.

Wackernie, à Cassel. — Collection de fruits.

Warein (Edmond), à Hazebrouck. — Poires (calebasse-carafon); fruits ; fleurs.

Willaeys (Louis), à Hazebrouck — Fuschia.

Exposant étranger au département.

Delache, à St.-Omer. — Raisins (variétés); collections de fleurs, de conifères, de yuccas et de houx.

§ II. — ZOOTECHNIE.

Oiseaux domestiques et Abeilles.

BAILLEUX (Dominique), à Hazebrouck. — Canards.

BEAUVAL (DE), à Morbecque. — Coq et poules argentés Padoue; coq et poule Cochinchinois.

BECQUART (Justin), à Morbecque. — Coq, poules et poulets Brahma.

BODDAERT (Charles), à Morbecque. — Coq, poules et poulets Cochinchinois; canards de Manille.

BODDAERT (Benjamin), à Morbecque. — Faisans argentés.

CHARTON, à Wazemmes. — Poules de diverses races.

CLAUDOREZ (Dominique), à Hazebrouck. — Canards.

CLAUDOREZ (Lambert), à Morbecque. — Dindons; Paons.

DEBOUDT-DENAES, à Hazebrouck. — Coq et poule (race flamande.)

DEBUSSCHÈRE (Pierre), à Hazebrouck.—Coq et poule d'Espagne.

DEBUSSCHÈRE (Isidore), à Hazebrouck. — Coq, poule et poulets d'Espagne.

DECOUSSEMAKER (Henri), à Bailleul. — Coq et poules Brahma Poutra.

DECROIX-SIMON, à Morbecque. — Abeilles.

DELBECQ, à Hazebrouck. — Miel en rayons; abeilles.

DELESSUE-RYCKEWAERT, à Hazebrouck. — Coq, poules et poulets (race flamande).

DEMEY-SAVAETE, à Hazebrouck. — Coq et poules (races diverses).

DERAM, à Caestre. — Oies.

Les Frères de la doctrine chrétienne, à Hazebrouck. — Poules (croisées Brahma Padoue).

FLAHAULT, à Bailleul. — Coq et poules (Dorking); coq et poules Crèvecœur).

GUERMONPREZ, à Hazebrouck. — Coq et poules (Padoue); poulettes de Padoue.

HANNOY, à Morbecque. — Abeilles.

HOUVENAGHEL-SMAGGHE, à Hazebrouck. — Coq et poules (Padoue argentés et dorés).

JOETS (Diomède), à Hazebrouck.— Coq et poules (race de Bruges); poules écossaises.

HESPEL (le C.te d'), à Wavrin. — Canards d'Aylesburg et normands; coqs et poules, 12 variétés.

LEISSUS (Alidor), à Hazebrouck.— Coq et poules, race flamande.

LEVIVE, à Hazebrouck. — Oies; canards.

Louis (Anthelme), à Hazebrouck. — Dindons; coq, poules et poulets Brahma.

Omaere (Benoît), à Hazebrouck. — Coq et poules, race flamande.

Perron, à Looberghe. — Coqs et poules de diverses races ; canards de race anglaise.

Porquet, à Bourbourg. — Coqs et poules de diverses races.

Rancy (François), à Hazebrouck. — Pigeons ; coq, poules et poulets, race flamande.

Seingier-Legris, à Steenwerck. — Coq et poules ; poulets.

Vandevelde (Pierre), à Hazebrouck. — Abeilles (ruche).

Vandevelde (Louis), à St.-Sylvestre-Cappel. — Abeilles (ruche).

Beurre, Fromages, Laines et Conserves de viande.

Acke (veuve), à Borre. — Beurre.

Bleu, à Lille. — Beurre.

Calonne, à Hazebrouck. — Beurre.

Canipel, à Hazebrouck. — Beurre.

Carlier, à Steenbecque. — Toison.

Claudorez (Lambert), à Morbecque.—Viandes salées et fumées.

Dequidt (Benoit), à Hazebrouck. — Beurre.

Deroo (les enfants), à Hazebrouck. — Beurre.

Deroo, à Morbecque. — Beurre.

Deseure, à Walloncappel. — Beurre.

Everaere (Alexandre), à Hazebrouck. — Beurre.

Joye, à Hazebrouck. — Beurre.

Kerleu (Célestin), à Hazebrouck. — Beurre.

Loridan-Loridan, à Merville. — Beurre.

Loridan, à St.-Sylvestre-Cappel. — Beurre.

Sériez, à Morbecque. — Beurre.

Villette, à Pradelles. — Beurre.

§ III. — AMENDEMENTS ET ENGRAIS.

Braquaval, à Hem. — Tourteaux, (6 variétés).

Degrendel-Cooche, à Hazebrouck. — Tourteaux.

Houvenaghel (veuve), à Hazebrouck. — Chaux.

Lelong (veuve), à Hazebrouck. — Chaux.

Maerten-Debruyne, à Hazebrouck. — Tourteaux (3 variétés).

Médard, à Anzin. — Tableau des engrais minéraux

§ IV. — INSTRUMENTS ARATOIRES ET MACHINES AGRICOLES DIVERSES.

Bemeydt, à Bailleul. — Chariot à caisse plate avec frein à crémaillière ; herse ; charrue avec semoir.

Benoist, à Pradelles. — Marteau de moulin.

Blin, à Lille. — Baratte (système Fouju).

Bootz-Lacondute, à Douai. — Rateau à cheval ; moissonneuse-faucheuse.

Cabotse, à Méteren. — Charrue.

Carlier, à Steenbecque. — Charrue mécanique à semer les fèves ; houe à bras ; semoir à betteraves à bras et à cheval ; rasette à bras pour fèves et betteraves ; houe à cheval pour nettoyer les betteraves ; sondeur extirpateur ; rebouloir à cheval ; herse à dents en fer ; valet du cuisinier.

Claysen-Godard, à Bourbourg. — Fourche, houlette et houe.

Debaisieux, à St-Amand. — Hache-paille.

Debièvre, à Lille. — Batteuse locomobile, idem fixe.

Dekeister, à Hazebrouck. — Fourche, houlette et houe.

Delaval, à Bailleul. — Hache-paille.

Delpy, à Douai. — Pompe à incendie et d'arrosement ; pompe aspirante ; pompe aspirante élévatoire.

Demesmay, à Templeuve. — Charrue forte ; charrue fouilleuse.

Desmyttère-Goudin, à Hazebrouck. — Machine à fabriquer des tuyaux de drainage.

Empis, à Santes. — Brabant.

Gourdin, à Bourbourg. — Charrue.

Halouchery, à Merville. — Machine-concasseur ; hache-paille-concasseur de graines et broyeur de tourteaux.

Hubert, à Bourbourg. — Rabot Adrien pour aiguiser la faulx.

Mahieu, à Capelle. — Semoir à toute espèce de graines et engrais en poudre.

Massart et Guermonprez, à Hazebrouck. — Machine à fabriquer des tuyaux de drainage, des pannes, des briques creuses, etc.

Mille, à Lille. — Deux machines à battre ; manége pour un cheval.

Porquet, à Bourbourg. — Machine à teiller le lin ; rayonneur ; fontaine pour les oiseaux domestiques.

Pruvost, à Wazemmes. — Semoir.

Quiret, à Bois-Grenier. — Baratte ; charrue-semoir.

Six-Spilliart, à Dunkerque. — Charrue sous-sol ; extirpateur.

Exposants étrangers au département.

Debaecker, à St.-Pierre-lez-Calais. — Semoir à toutes graines; batteuse.

Lebrun, à La Neuville-lez-Wasigny (Ardennes). — Hâche-paille (petit modèle); hâche-paille (grand modèle); hâche-paille (moyen modèle); tarare.

§ V. — INDUSTRIES ET ARTS AGRICOLES.

Bailleul, à Hazebrouck. — Peaux de lapins.

Belle (Ed.), à Bourbourg-Campagne. — Lin teillé.

Berteloot, à Merris. — Cercles.

Bienvenu, à Loos. — Objet d'ornement en paille.

Braquaval, à Hem. — Huile (7 variétés).

Bourey, à Morbecque. — Balai de bouleau.

Cattoir, à Hazebrouck. — Fleur de froment.

Dausse-Houcke, à Hazebrouck. — Étoupes.

Deberdt, à Flêtre. — Huile d'œillette.

Demeersseman (Emmanuel), à Borre. — Fil fabriqué à la main.

Dumortier-Cocheteur, à Forest. — Lin teillé, 2 variétés.

Dupont (frères), à Pont-à-Marcq. — Lin peigné; lin teillé.

Frappé-Lenoir, à la Madeleine-lez-Lille. — Amidons de céréales.

Gruyelle, à Houplin. — Lin teillé.

Houvenaghel (Louis), à Hazebrouck. — Bière.

Lecat-Butin, à Bondues. — Lin teillé, 3 variétés.

Lelong (veuve), à Hazebrouck. — Tuyaux de drainage.

Lemetter, à Hazebrouck. — Fil fabriqué à la main.

Magnin, à Pont-à-Marcq. — Vin de 1858 récolté dans le département du Nord.

Massart et Guermonprez, à Hazebrouck. — Tuyaux de drainage; briques creuses, briques moulurées; vases; pannes (collection).

Nieuwyaer, à Hazebrouck. — Balai.

Porquet, à Bourbourg. — Lins teillés (nombreuses variétés).

Plancke (enfants), à Hazebrouck. — Lins teillés du pays, 1859, 2 variétés.

Quehem, à Dunkerque. — Trois plans de jardins.

Scrive (frères), à Marcq-en-Barœul. — Lin teillé (procédés manufacturiers); lin teillé, 7 variétés (système mécanique); lin roui (procédés manufacturiers).

Six, à Wambrechies. — Lin peigné; lin teillé; étoupes.

Tersen, à Hazebrouck. — Lin teillé.

Vandercolme, à Dunkerque. — Deux plans de la commune de Rexpoëde, avant et après l'application du drainage.

Waymel-Gilon, à Wavrin. — Lin teillé.

§ VI. — SERVICES ÉMINENTS RENDUS A L'AGRICULTURE.

(La liste des concurrents figure dans le procès-verbal de la séance du jury central du 16 septembre 1859.)

§ VII. — LABOURAGE.

Liste des concurrents pour le Labourage.

(Charrues attelées de deux chevaux.)

DUMOULIN (Augustin), chez M. Demarescaux, à Eecke.
GUYS (Joseph), chez M. Desrameaux, à Flêtre.
MAKEREEL (Fidèle), chez M. Gantois, Liévin, à Borre.
DANEL (François), fils de Félix, cultivateur à Haverskerque.
DAUCHY (François), chez M.me veuve Bourel, à Hazebrouck.
DESWARTE (Joseph), chez M. Deroo, François, à Hazebrouck.
HEUGHE (Louis), chez M. Woesteland, à Morbecque.
COMPAGNON (Benoît), chez M. Coleri, à Morbecque.
CARRÉ (Pierre), chez M. Scingier, à Steenwerck.
TROTTEIN (Liévin), à Hazebrouck.
MONTÉ (Fidèle), chez M. Facqueur, à Staple.

(Charrues attelées de deux vaches.)

BAEY (Pierre), gendre de M. Lemille, à Vieux-Berquin.
SENECHAL (Henri), à Morbecque.
DEROO (Jules), à Morbecque.

§ VIII. — DRAINAGE.

Liste des concurrents pour le Drainage.

ROOZENBROUCK (Adolphe), à Méteren.
TANIS-DELBECQUE, à Renescure.
BAILLEUL (Fidèle), à Bailleul.
PEENE (Charles-Louis), à Ebblinghem.
VANCREVELINGHE (Louis), à Buysscheure. Associés Merland et Danvers
BERQUIN (Auguste), à Ebblinghem. Associés Vanheems et Bailleul.
VANHOVE (Edouard), à Oxelaere.
RYCKELYNCK (Benoît), à Bavinchove.
CANLERS (Pierre), à Merckeghem.
ALLOO (Benoît), à Rexpoëde.

CONCOURS DÉPARTEMENTAL D'ANIMAUX REPRODUCTEURS.

Race chevaline.

Étalons de trois ans et au-dessus.

CLÉMENT, à Grande-Synthe. — (2 étalons).
JOLY (Henri), à Clarques.
LIBRECHT, à Bambèque.
TASSART, à Craywick.
VERHAEGHE, à Volkerinkove.

Étalons du département (hors concours).

BLONDÉ, à Oxelaere, (arrondissement d'Hazebrouck.)
DECROUEZ, à Briastre, (arrondissement de Cambrai).
DELABARRE, à Péronne, (arrondissement de Lille).
MARLIÈRE, à Esnes, (arrondissement de Cambrai).

Juments de tout âge en état de gestation ou ayant donné un poulain dans le courant de l'année 1859.

BRUNEL (Pierre), à Hazebrouck.
COUBRONNE, à Steenbecque.
HATREZ (Benjamin), à Cappelle.
LOOTEN, à Steenbecque.
MILLE, à Renescure.
PUPPINCK, à Cassel. — (2 juments).
REUMEAUX (Benoît), à Wemaerscappel.
SANTRAIN, à Hazebrouck.

Poulains.

DE COUVELAERE, à Renescure.
DEHAINE (Henri), à Hazebrouck. — (2 poulains).
FAVIÈRE (Justin), à Morbecque.
FRANCHOIS (Eugène), à Staple.
HENNEBEL (Pierre), à Merris.
HOUVENAGHEL (Justin), à Hazebrouck.
MILLE, à Renescure.
OMAERE (Henri), à Hazebrouck. — (2 poulains).
ROOSES (Benoît) à Borre.
SANTRAIN, à Hazebrouck.
SCHOONHEERE, à Hazebrouck.
VANDENABEELE (Joseph), à Hazebrouck.

Race bovine (race flamande).

Taureaux d'un an à dix-huit mois.

COEVOET, à Hazebrouck.
COSTENOBLE, à Merville. — (2 taureaux).
FACQUEUR, à Staple. — (2 taureaux).
LANDRON, à Brouckerque.
LOBBI, à Ghyvelde. — (2 taureaux).
LOURDEL (Henri), à Bailleul. — (2 taureaux).
MAHIEU, à Cappelle.
MIZEROLLE (veuve), à Noordpeene.
MEEZEMAEKER (Alfred), à Looberghe.
PILLON (Alexandre), à Steenbecque.
RANCY (François), à Hazebrouck. — (2 taureaux).
SEINGHER-LEGRIS, à Steenwerck.
SYS (Louis), à Hazebrouck.
TROTTEIN (veuve), à Hazebrouck.
VANKEMMEL, à Bailleul.
WAELLES, à Bambecque.
WESTERLINCK, à Caestre.

Taureaux de deux ans et au-dessus (race flamande).

CANIPEL, à Hazebrouck. — (2 taureaux).
COEVOET, à Hazebrouck.
COLERI, à Morbecque. — (2 taureaux).
DEPECKER (Jean), à Estaires. — (2 taureaux).
LUTTUN (Xavier), à Bavinchove. — (2 taureaux).
MAHIEU, à Cappelle.
RANCY (François), à Hazebrouck. — (2 taureaux).
TROTTEIN, à Hazebrouck. — (2 taureaux).
WESTERLINCK, à Caestre. — (2 taureaux).

Taureaux de races diverses, sans condition d'âge.

COUSIN-POLLET, à Lambersart.
LEHEUR, à Hondschoote.
MASSELIS, à Rexpoëde.
MAHIEU, à Cappelle.
VETELLE-LONGUEVALLE, à Loon.

Génisses pleines n'ayant que deux dents dites de remplacement.

Baert (Constantin), à Steenbecque.
Carlier, à Steenbecque.
Charlet (Célestin), à Vieux-Berquin.
Delplace, à Strazeele.
Dehaine (Henri), à Hazebrouck. — (3 génisses).
Deram (Victor), à Caestre. — (2 génisses).
Desmedt (Louis), à Hazebrouck.
Delong-Courty (Henri), à Hondeghem.
Facqueur, à Staple.
Labis (Placide), à Vieux-Berquin.
Loridan (Henri), à Merris.
Loridan (Jean-Baptiste), à Merville.
Mahieu, à Cappelle.
Sys (Louis), à Hazebrouck. — (2 génisses).
Vangraefscheqe (Louis), à Hazebrouck.
Waeles, à Walloncappel.
Wambergue, à Lynde. — (2 génisses).

Vaches laitières ou pleines de tout âge

Bailleul (Dominique), à Hazebrouck.
Claudorez (Dominique), à Hazebrouck. — (2 vaches).
Claudorez (Lambert), à Morbecque. — (2 vaches).
Coleri, à Morbecque. — (2 vaches).
Creton (veuve), à Méteren.
Debruyne (Louis), à Hazebrouck.
Decrocq (Charles), à Hazebrouck.
Dequidt (Louis), à Eecke. — (2 vaches).
Facqueur père, à Staple.
Houvenaghel (Justin), à Hazebrouck.
Levive (François), à Hazebrouck.
Loridan, à Merville. — (2 vaches).
Louis (Anthelme), à Hazebrouck.
Maerten-Debruyne, à Hazebrouck.
Mahieu, à Cappelle. — (2 vaches).
Merchie (Charles), à Hazebrouck.
Rancy (Auguste), à Hazebrouck. — (2 vaches).
Seneschal (Henri), à Morbecque.
Vanhove, à Merville. — (2 vaches).
Verhaeghe, (Charles), à Hazebrouck

Race ovine.

Béliers de race indigène ou étrangère.

Busson (Benoît), à Steenvoorde.
Cailleau (César), à Hazebrouck. — (2 béliers.)
Carlier (Henri), à Steenbecque. — (3 béliers.)
Cisseau (Léonard), à Caestre.
Guinet, à Renescure — (2 béliers.)
Leporc, à Lynde.
Léturgie, à Ste.-Marie-Cappel. — (3 béliers.)
Labis (Placide), à Vieux-Berquin. — (2 béliers).
Maerten (César), à Boeschèpe. — (3 béliers).
Quéte, à Hondeghem.
Rauwel (Louis), à Hazebrouck.

Race porcine.

Verrats.

Coleri, à Morbecque.
Debaudt (Henri), à Hazebrouck.
Hamelin (Louis), à Merris. — (2 verrats.)
Haeuw (Louis), à Looberghe.
Loridan, à Merville.
Lourdel (Henri), à Bailleul.
Luttun (Xavier), à Bavinchove.
Mizerolle (veuve), à Noordpeene.
Maniez (Pierre), à Strazeele.
Rancy (François), à Hazebrouck. — (2 verrats.)
Trottein (veuve), à Hazebrouck.
Trottein, à Hazebroack.
Vanlerberghe, à Noordpeene.
Van Kemmel, à Bailleul.
Watri (Henri), à Craywick.
Westerlinck (Louis), à Caestre.

JURY CENTRAL.

COMPOSITION ET CONSTITUTION.

Procès-verbal de la séance du 7 septembre 1859.

L'an 1859, le sept septembre, à quatre heures après-midi, le jury central composé, conformément aux dispositions des articles 11 et 12 des dispositions réglementaires de la 4.ᵉ exposition agricole du département du Nord, de délégués des diverses sociétés d'agriculture et d'horticulture du département du Nord, s'est réuni dans le grand salon de l'Hôtel-de-Ville d'Hazebrouck, à l'effet de se constituer.

Étaient présents ou représentés :

MM. HEDDEBAULT,
    DES ROTOURS,
    DESURMONT,
    CHARLES,   Délégués du comice agricole de Lille.

M. SCHLACTÈRE, délégué de la société d'horticulture du département du Nord.

MM. VANDERCOLME,
    HARGOUET,   Délégués de la société d'agriculture de Dunkerque.

MM. HUBERT,
    VERCOUSTRE,   Délégués de la société d'agriculture de Bourbourg.

MM. FIEVET,
    Le B.ᵒⁿ DE BOUTTEVILLE,
    Le C.ᵗᵉ DE GUERNE,   Délégués de la société impériale et centrale d'agriculture, sciences et arts de Douai.

MM. Gustave Hamoir,
TARDIEU,
COURTIN,
MÉLART,

Délégués de la société impériale d'agriculture, sciences et arts de Valenciennes.

M. SEINGIER, délégué de la société d'agriculture de Bailleul.

MM. DUQUENNE,
BARBIER DE LA SERRE,

Délégués de la société d'agriculture d'Hazebrouck.

M. Cappon, président de la société d'agriculture d'Haze-brouck, qui occupe provisoirement le fauteuil, déclare la séance ouverte et prononce l'allocution suivante :

« MESSIEURS,

» La réunion de ce jour a pour objet l'accomplissement » des formalités prescrites par les articles 13 et 14 des dispo-« sitions réglementaires de la quatrième exposition agricole du » département du Nord.

» Art. 13. Si le nombre des jurés ne s'élevait pas au » chiffre de trente, ou si, le jour de la première réunion du » jury, ce chiffre n'était pas atteint par les membres présents, » il devrait être complété immédiatement par les soins de la » société d'agriculture d'Hazebrouck.

» Art. 14. Du 8 au 18 septembre, le jury central, divisé » en commissions spéciales, se livrera à l'examen des produits » exposés; les récompenses seront ensuite discutées et fixées en » assemblée générale.

» Vous aurez aussi, Messieurs, à procéder au choix d'un » président et d'un secrétaire; et, si vous le jugez nécessaire, » d'un vice-président et d'un vice-secrétaire.

» La société d'agriculture d'Hazebrouck a compris, Mes-» sieurs, toute la difficulté de la tâche qui lui était imposée en » succédant, dans la célébration de ces fêtes, aux comices et aux » sociétés de Valenciennes, de Lille et de Douai, dont les honorables » membres étaient depuis longtemps familiarisés avec les solen-» nités de ce genre, et qui ont facilement trouvé, dans leurs » villes, des locaux spacieux et convenables.

» Placés dans des conditions beaucoup moins favorables, » nous n'avons pas cherché cependant, Messieurs, à nous sous-» traire à l'honneur qui nous incombait; s'il nous a été » impossible de donner à notre exposition tout l'éclat dont nos » honorables collègues ont pu entourer les leurs, nous avons » l'espoir qu'ils voudront bien nous tenir compte de nos efforts, » et se souvenir aussi que, longtemps immobiles au milieu de » nos richesses séculaires, nous faisons aujourd'hui un premier » pas dans la carrière d'émulation et de progrès où se précipitent » à l'envi toutes les contrées de la France. »

M. Cappon propose ensuite la nomination du président, du vice-président, du secrétaire et du vice-secrétaire du jury central.

La présidence est offerte, d'un commun accord, à M. Cappon, qui s'excuse, à raison de son âge et de son éloignement d'Hazebrouck, de ne pouvoir l'accepter, et qui propose de la confier à M. Le Sergeant de Monnecove, sous-préfet d'Haze-brouck, qui remplit déjà les fonctions de président du comité d'organisation de l'exposition.

Un membre propose, pour la vice-présidence, M. Heddebault, l'un des délégués du comice agricole de Lille.

Un autre membre propose, pour le secrétariat général, M. Deberdt, secrétaire de la Société d'agriculture d'Hazebrouck.

Ces diverses propositions sont acceptées par l'assemblée, sans scrutin.

Après l'installation du bureau, M. le président fait connaître que la Société d'agriculture d'Hazebrouck a dressé, conformé-ment à l'article 13 des dispositions réglementaires, une liste de ses membres dont les 11 premiers doivent faire partie du jury central, puisque les membres présents ou représentés sont au nombre de 19 seulement.

Ces 11 jurés seront :

MM. BECK.

 BIESWAL.

 BOUILLIEZ.

 CAPPON.

 CLAUDOREZ, Dominique

 CLAUDOREZ, Lambert.

 DEBAECKER.

 DESCHODT.

 MARGERIN.

 SMAGGHE.

 VILLETTE.

M. le président propose, conformément à l'art. 14 des dispo-sitions réglementaires, de diviser le jury central en six sections; cette proposition ayant été adoptée, il invite les membres de l'assemblée à se faire inscrire, suivant leur spécialité et leur préférence, dans une ou plusieurs des sections indiquées ci-dessous. Ces sections ne seront d'ailleurs pas closes et, à leur arrivée, les délégués représentés et encore absents pourront entrer dans celles qu'ils choisiront.

Section de Culture.

(Embrassant le paragraphe 1.er du programme, jusqu'aux plantes potagères.)

MM. CAPPON, *président.*

 HEDDEBAULT, *secrétaire-rapporteur.*

DUQUENNE.
VERCOUSTRE.
DESURMONT.
BARBIER DE LA SERRE.
COURTIN.
CLAUDOREZ, Dominique.
SEINGIER.
Le B.^{on} DE BOUTTEVILLE.
BECK.
FIÉVET.

Section d'Horticulture.

(Embrassant le reste du paragraphe 1.er du programme.)

MM. DESCHODT, *président.*
SMAGGHE, *secrétaire-rapporteur.*
BIESWAL.
MARGERIN.
SCHLACTERE.
MEDART.

Section de Zootechnie.

(Embrassant le paragraphe 2 du programme.)

MM. DESURMONT, *président.*
CHARLES, *secrétaire-rapporteur.*
BARBIER DE LA SERRE.
HEDDEBAULT.
MARGERIN.

Section des amendements et engrais, des industries et des arts agricoles.

(Embrassant les paragraphes 3 et 5 du programme.)

MM. DUQUENNE, *président.*
DEBAECKER, *secrétaire-rapporteur.*
MEDART.
DESCHODT.

Section des instruments aratoires et des machines agricoles.

(Embrassant le paragraphe 4 du programme.)

MM. HAMOIR, *président.*
TARDIEU, *secrétaire-rapporteur.*
VERCOUSTRE.
DUQUENNE.
HEDDEBAULT.
COURTIN.
CLAUDOREZ, Dominique.
CLAUDOREZ, Lambert.
SEINGIER.
Le comte DE GUERNE.

Vandercolme.

Harcourt.

Bouilliez.

des Rotours.

Hubert.

Section du concours de labourage et de drainage :

MM. Claudorez, Lambert, *président.*

Vercoustre, *secrétaire-rapporteur.*

Claudorez, Dominique.

Duquenne.

Villette.

Bouilliez.

Hubert.

Une commission spéciale, prise dans le sein de la Société d'agriculture d'Hazebrouck, est chargée d'apprécier les titres des agents agricoles de l'arrondissement qui concourent pour les récompenses.

M. le président informe l'assemblée que :

Le concours de drainage aura lieu le mardi 13 septembre 1859, à 10 heures du matin, sur un terrain appartenant à M. Dominique Claudorez et situé près d'Hazebrouck, le long du sentier d'Hondeghem.

Le concours de labourage aura lieu le jeudi 15, à 10 heures du matin, sur un terrain appartenant à M. Boucquel de Beauval et situé le long du chemin dit Picaert-Straete, au territoire de Morbecque.

L'essai des instruments aratoires aura lieu immédiatement après sur ce même terrain.

Le fonctionnement des machines agricoles aura lieu le vendredi 16, à 10 heures du matin, dans la cour du Collége et sur le pourtour de l'église.

Il propose, en même temps, aux diverses sections de se réunir le jeudi 15 septembre, à 10 heures du matin, pour commencer leur examen, et au jury central de s'assembler, le vendredi 16 septembre, à 3 heures après-midi, à l'Hôtel-de-Ville d'Hazebrouck, pour entendre les rapports des différentes sections, et se prononcer sur les récompenses à décerner, tant aux exposants qu'aux agronomes signalés pour les éminents services qu'ils ont rendus à l'agriculture. Ces propositions sont adoptées.

Un membre ayant demandé que le procès-verbal de la séance soit imprimé et transmis à tous les membres du jury central, pour leur tenir lieu de notification et de convocation, l'assemblée décide que cette mesure doit être adoptée.

Fait à Hazebrouck, le 7 septembre 1859.

Le Secrétaire,   *Le Président,*

Signé : C. DEBERDT.   Signé : F. DE MONNECOVE.

OUVERTURE DE L'EXPOSITION.

Procès-verbal de la séance du 3 septembre **1859**.

L'an 1859, le huit septembre, à onze heures du matin, MM. les membres de la Société d'agriculture d'Hazebrouck se sont réunis à l'Hôtel-de-Ville, sous la présidence de M. Cappon; l'assemblée étant constituée, s'est rendue à l'hôtel de la Sous-Préfecture, où elle a été reçue par M. Le Sergeant de Monnecove, Sous-Préfet de l'arrondissement et président du jury central de l'exposition, chez lequel se trouvaient déjà réunis, M. Houcke, maire de la ville, MM. les membres du jury central, MM. les membres du comité d'organisation, et M. Leclerc, ancien sous-préfet. Le cortége s'étant formé, a parcouru successivement le jardin de la sous-préfecture, les cours et les salles du collége communal qui sont affectés à l'exposition, et s'est arrêté dans le réfectoire qui renferme les principaux produits agricoles et horticoles.

M. le Sous-Préfet, après avoir rendu compte en quelques mots des mesures prises par le comité d'organisation, dont il était le président, et remercié messieurs les membres de ce comité des soins intelligents et assidus qu'ils ont mis à recevoir et à classer les objets exposés, a fait connaître que M. le Préfet du Nord, actuellement en congé, n'avait pu venir présider lui-même à la réunion de ce jour, et l'avait chargé de leur transmettre l'expression de ses regrets et l'assurance de l'intérêt qu'il porte à l'entreprise qu'ils ont menée à si bonne fin; puis il a prononcé, au nom de ce magistrat, l'ouverture de la 4.e exposition agricole du département du Nord.

L'assemblée s'est ensuite séparée et les portes de l'exposition ont été aussitôt ouvertes au public.

Fait à Hazebrouck, le 8 septembre 1859.

Le Secrétaire,   *Le Président.*

Signé : C. DEBERDT. Signé : F. DE MONNECOVE.

RAPPORTS DES SECTIONS ET FIXATION DES RÉCOMPENSES.

Procès-verbal de la séance du **16** septembre **1859**.

L'an 1859, le seize septembre, à trois heures après-midi, Messieurs les Membres du jury central de la 4.e exposition agricole du département du Nord se sont réunis à l'Hôtel-de-Ville d'Hazebrouck.

Sont présents :

MM. HEDDEBAULT,
DES ROTOURS,
DESURMONT,
CHARLES,
} Délégués du comice agricole de Lille.

MM. VANDERCOLME,
HARCOURT,
} Délégués de la société d'agriculture de Dunkerque.

MM. VERCOUSTRE,
HUBERT,
} Délégués de la société d'agriculture de Bourbourg.

MM. FIEVET,
Le B.^on DE BOUTTEVILLE,
} Délégués de la société impériale et centrale d'agriculture, sciences et arts de Douai.

MM. Gustave HAMOIR,
TARDIEU,
COURTIN,
DERVAUX,
} Délégués de la société impériale d'agriculture, sciences et arts de Valenciennes.

M. SEINGIER, délégué de la société d'agriculture de Bailleul.

MM. DUQUENNE,
BARBIER DE LA SERRE,
} Délégués de la société d'agriculture d'Hazebrouck.

MM. BECK,
BIESWAL,
BOUILLIEZ,
CAPPON,
CLAUDOREZ, Dominique,
CLAUDOREZ, Lambert,
DEBAECKER,
DEBERDT,
DESCHODT,
LE SERGEANT DE MONNECOVE,
MARGERIN,
SMAGGHE,
VILLETTE,
} Membres de la société d'agriculture d'Hazebrouck.

Le bureau se compose de :

MM. LE SERGEANT DE MONNECOVE, président ;
HEDDEBAULT, vice-président ;
DEBERDT, secrétaire ;

Assistés de MM. CAPPON, président de la section de culture ;
DESCHODT, président de la section d'horticulture ;
DESURMONT, présid.^t de la section de zootechnie ;
DUQUENNE, président de la section des amendements et engrais, des industries et des arts agricoles ;

> Gustave Hamoir, président de la section des
> instruments aratoires et des machines
> agricoles ;
> Lambert Clacdorez, président de la section
> du concours de labourage et de drainage.

M. le président donne successivement la parole à MM. les rapporteurs de chacune des sections du jury central, savoir :

MM. Heddebault, pour la 1.re section ;
 Smagghe, pour la 2.e section ;
 Descrmont (remplaçant M. Charles), pour la 3.e section ;
 Debaecker, pour la 4.e section ;
 Tardieu, pour la 5.e section ;
 Vercoustre, pour la 6.e section.

Les conclusions de chacun des rapports présentés sont successivement mises aux voix par M. le président et adoptées par le jury central.

M. le président appelle ensuite à donner lecture des rapports qui lui ont été adressés, conformément au § 6 du programme de la 4.e exposition agricole du département du Nord, sur les services éminents rendus à l'agriculture.

M. Deberdt, pour l'arrondissement de Cambrai, dont le candidat est M. Tellier, maire de Carnières ;

M. le B.on de Boittreville, pour l'arrondissement de Douai, dont le candidat est M. Bernard, cultivateur et brasseur à Roost-Warendin ;

M. Vandergolme, pour la société d'agriculture de Dunkerque, dont le candidat est M. Mahieu, maire de Cappelle ;

Et M. Vercoustre (pour la société d'agriculture de Bourbourg, dont le candidat est M. Landron, agriculteur à Brouckerque, pour l'arrondissement de Dunkerque ;

M. Beck, pour l'arrondissement d'Hazebrouck, dont le candidat est M. Loridan-Loridan, agriculteur à Merville ;

M. Charles, pour l'arrondissement de Lille, dont le candidat est M. Leroy-Dubois, conseiller d'arrondissement et maire d'Illies ;

M. Courtin, pour l'arrondissement de Valenciennes, dont le candidat est M. Deslinsel, maire de Denain.

La société d'agriculture d'Avesnes n'a pas répondu à l'appel qui lui a été fait, et l'arrondissement qu'elle représente n'a pas de candidat à la distinction qu'il s'agit de décerner.

M. le président propose de statuer d'abord sur la double présentation faite par les deux sociétés d'agriculture de Dunkerque et de Bourbourg, attendu que s'il est juste et légitime que chaque société agricole du département du Nord fasse valoir auprès du jury central les services éminents rendus par les agriculteurs de sa circonscription, il est en même temps conforme au § 6 du programme de ne décerner qu'une récompense de cette nature pour chacun des sept **arrondissements** du département du Nord.

Cette proposition ayant été adoptée, un scrutin est ouvert sur les noms de MM. Mahieu et Landron; cette opération donne les résultats suivants :

Nombre de votants, 26; (les 4 membres du jury central appartenant à l'arrondissement de Dunkerque se sont abstenus).

M. Mahieu a obtenu 15 voix.

M. Landron a obtenu 11 voix.

En conséquence, M. Mahieu est proclamé candidat de l'arrondissement de Dunkerque.

M. le président propose d'ouvrir un scrutin de liste pour désigner à la majorité absolue, conformément à l'art. 15 des dispositions réglementaires de la 4ᵉ exposition agricole du département du Nord, les trois agriculteurs les plus méritants pour les services éminents qu'ils ont rendus à l'agriculture, auxquels le jury central décernera une médaille d'honneur, grand module, en or; cette proposition ne soulève aucune objection, et le scrutin qui est immédiatement ouvert donne les résultats suivants :

M. Loridan-Loridan (arrondissement d'Hazebrouck), 24 voix;
M. Leroy-Dubois (arrondissement de Lille). . . . 20 voix;
M. Mahieu (arrondissement de Dunkerque). . . 17 voix;
M. Deslinsel (arrondissement de Valenciennes). . 15 voix;
M. Bernard (arrondissement de Douai. . . . 8 voix;
M. Tellier (arrondissement de Cambrai. . · . 5 voix.

MM. Loridan-Loridan, Leroy-Dubois et Mahieu, ayant obtenu la majorité absolue des suffrages, recevront les trois médailles d'or.

Un des délégués du comice agricole de Lille propose, en présence du nombre de suffrages obtenus par M. Deslinsel, de lui décerner exceptionnellement une quatrième médaille d'or.

Cette proposition donne lieu aux observations suivantes : ceux qui la repoussent font remarquer qu'elle est contraire aux termes du § 6 du programme; ceux qui l'appuient rappellent des précédents semblables attestés par les procès-verbaux des séances du jury central des expositions antérieures.

Elle est mise aux voix et adoptée par le jury central à une grande majorité.

Les médailles de vermeil seront décernées à MM. Bernard et Tellier.

Un des délégués de la société impériale et centrale d'agriculture, sciences et arts de Douai demande le rappel de la médaille d'or pour M. Constant Fiévet, agriculteur à Masny, qui a obtenu une médaille d'or à la 3ᵉ exposition agricole du département du Nord.

Un des délégués de la société impériale d'agriculture, sciences et arts de Valenciennes demande le rappel de la médaille d'or pour M. Gouvion-Deroy, agriculteur à Denain, qui a obtenu une médaille d'or à la 3.° exposition agricole du département du Nord.

Cette proposition étant appuyée, un membre fait remarquer que tous les arrondissements seraient également fondés à réclamer de semblables rappels de médailles, et que le nombre toujours croissant de ces distinctions diminuerait nécessairement la valeur que ceux qui les demandent cherchent à y attacher.

M. le président propose d'écarter d'abord toute appréciation personnelle et de décider, par le vote, si le jury central décernera des rappels de médailles pour services éminents rendus à l'agriculture.

Le jury central est d'avis à la majorité :

1.° Que la question doit être ainsi posée;

2.° Qu'il ne sera pas décerné de rappels de médailles pour services éminents rendus à l'agriculture.

Un membre demande la parole pour faire la motion suivante:

« M. Cappon, président de la société d'agriculture d'Ha-
» zebrouck possède depuis longtemps des titres distingués à
» l'intérêt du Gouvernement, qui patronne et récompense les
» hommes dévoués au progrès agricole. Parmi les nombreuses
» distinctions qu'il a reçues en diverses circonstances, on
» peut citer la médaille d'or qui lui fut décernée, pour
» services éminents rendus à l'agriculture, par le jury central
» de la 2.° exposition agricole du département du Nord,
» tenue à Lille en 1854. Tous ceux qui s'intéressent à l'agri-
» culture, et notamment les membres du présent jury, verraient
» avec satisfaction une nouvelle et plus haute récompense cou-
» ronner la carrière d'honneur et de travail que M. Cappon a si
» utilement parcourue, et ils proposent au jury central d'adresser,
» à cet effet, l'expression de ses vœux à S. Exc. le Ministre
» de l'agriculture, du commerce et des travaux publics. »

Le jury central tout entier s'associe à cette motion et M. le président annonce qu'il sera heureux d'en joindre le texte à la liste qu'il doit transmettre au Gouvernement, conformément au § 6 du programme, pour signaler l'élite des hommes du progrès agricole dans le département le plus avancé en agriculture.

L'ordre du jour étant épuisé, M. le président remercie messieurs les membres du jury central du concours que chacun d'eux a bien voulu lui prêter, et qui a permis de terminer promptement et régulièrement les opérations de cette intéressante séance.

L'assemblée se sépare ensuite à 6 heures 1/2 du soir.

Fait à Hazebrouck, le 16 septembre 1859.

<table>
<tr><td>Le Secrétaire,</td><td>Le Président,</td></tr>
<tr><td>Signé : C. DEBERDT.</td><td>Signé : P. de MONNECOVE.</td></tr>
</table>

AGENTS AGRICOLES.

Procès-verbal de la séance du 17 septembre 1859.

L'an mil huit cent cinquante-neuf, le dix-sept septembre, à huit heures du matin, une commission composée de dix membres de la société d'agriculture d'Hazebrouck désignés par M. le président de cette société, en vertu des pouvoirs qui lui ont été conférés dans la séance du huit juin mil huit cent cinquante-neuf, s'est réunie à l'Hôtel-de-Ville d'Hazebrouck à l'effet d'examiner les titres des agents agricoles qui concourent pour les récompenses indiquées au programme.

Sont présents :

MM. BOUILLIEZ,
    CARLIER,
    DEBERDT, César,
    DEBERDT, Henri,
    DECANTER,

MM. DUMONT,
    REUMAUX,
    ROHART,
    VANDENBUSSCHE,
    VILLETTE.

La commission choisit M. Bouilliez pour son président, et M. César Deberdt pour son secrétaire.

Les candidats des diverses catégories sont au nombre de cinquante-et-un, savoir :

1.º 4 bergers ;
2.º 16 valets de charrue ;
3.º 25 ouvriers ou domestiques de ferme ;
4.º 6 servantes de ferme.

Les candidats de la 2.º et de la 3.º catégorie se confondent souvent par la nature de leurs services. Les titres remarquables soumis par la plupart d'entre eux à l'attention de la commission ont fait éprouver à tous ses membres le plus vif regret de n'avoir pas de plus nombreuses récompenses à décerner à cette intéressante classe de travailleurs. L'une des trois primes destinées à la 4.º catégorie a été, à l'unanimité, transportée à la 2.º, mais cette légère modification n'a répondu qu'imparfaitement aux impressions et aux désirs des membres de la commission.

La commission, après avoir entendu les rapports qui lui sont présentés par chacun de ses membres, conformément aux dispositions du programme, arrête à la majorité les récompenses qui seront décernées aux agents agricoles de l'arrondissement d'Hazebrouck dans la séance publique et solennelle du dix-huit septembre.

La séance est levée à dix heures du matin.

Fait à Hazebrouck, le 17 septembre 1859.

Le Secrétaire,
Signé : C. DEBERDT.

Le Président,
Signé : BOUILLIEZ.

CONCOURS DÉPARTEMENTAL D'ANIMAUX REPRODUCTEURS.

Procès-verbal de la séance du 17 septembre 1859.

L'an mil huit cent cinquante-neuf, le dix-sept septembre, à dix heures du matin, le jury spécial composé, conformément à l'article 4 des dispositions réglementaires du concours départemental d'animaux reproducteurs, de délégués des diverses sociétés et comices agricoles du département du Nord, s'est réuni dans le grand salon de l'Hôtel-de-Ville d'Hazebrouck à l'effet de se constituer

Étaient présents :

MM. POMMERET, CHARLES, Délégués du comice agricole de Lille.

M. DELAETTRE, Délégué de la société d'agriculture de Dunkerque.

M. DERYCKE, Délégué de la société d'agriculture de Bourbourg.

MM. DUPONT, DELPLANQUE, Délégués de la société impériale et centrale d'agriculture, sciences et arts de Douai.

MM. HUART, COUTTIN, Délégués de la société impériale d'agriculture, sciences et arts de Valenciennes.

M. SALOME, Délégué de la société d'agriculture de Bailleul.

M. LUTUN, Délégué de la société d'agriculture d'Hazebrouck.

M. DEBERDT, secrétaire-général du jury central de l'exposition, occupe provisoirement le fauteuil et propose à l'assemblée de désigner un président et un secrétaire.

La présidence est offerte à M. Lutun, et le secrétariat à M. Lobbedez, médecin-vétérinaire à Hazebrouck. Ces messieurs acceptent ces fonctions et prennent place au bureau.

M. le président fait alors connaître que la société d'agriculture d'Hazebrouck a dressé, conformément à l'article 5 des dispositions réglementaires du concours départemental d'animaux reproducteurs, une liste de ses membres dont les cinq premiers doivent faire partie du jury spécial, puisque les membres présents sont au nombre de dix seulement.

Ces cinq jurés seront :

MM. CARLIER, CLAUDOREZ, Dominique, DECLERCQ, DEQUIDT, LOBBEDEZ.

Sur la proposition d'un de ses membres, le jury spécial

décide qu'il n'y a pas lieu de se diviser en sections et qu'il procédera successivement et, chaque fois, avec le concours de tous ses membres, à l'examen des diverses catégories d'animaux exposés.

Le jury spécial se rend ensuite sur la grande place d'Hazebrouck, où les animaux qui doivent faire l'objet de son examen sont déjà rangés dans une enceinte divisée suivant les dispositions du programme.

A midi, le jury spécial, ayant terminé ses appréciations, se réunit de nouveau dans le lieu de ses séances et adopte, après lecture, les conclusions du rapport qui lui est soumis par M. Lobbedez.

La séance est levée à une heure après-midi.

Fait à Hazebrouck, le 17 septembre 1859.

Le Secrétaire,   *Le Président,*

Signé : **LOBBEDEZ**.   Signé : **LUTUN**.

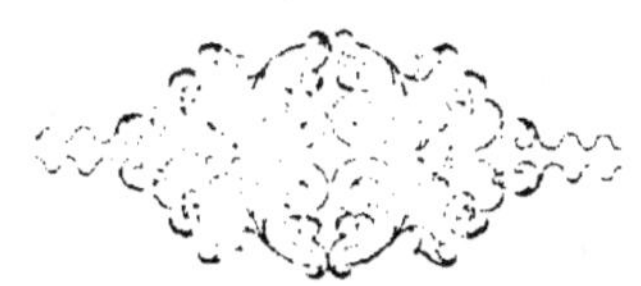

DISTRIBUTION GÉNÉRALE ET SOLENNELLE DES PRIMES ET MÉDAILLES.

Procès-verbal de la séance du **18** septembre **1859**.

L'an mil huit cent cinquante-neuf, le dix-huit septembre, à dix heures du matin, se sont réunis à l'hôtel de la Sous-Préfecture d'Hazebrouck, M. Dureau, secrétaire-général de la Préfecture du Nord, remplaçant M. le Préfet du Nord en congé, M. Le Sergeant de Monnecove, Sous-Préfet d'Hazebrouck, président du comité d'organisation et du jury central de la 4.ᵉ exposition agricole du département du Nord, M. Plichon, député au Corps législatif, M. Gérard, Sous-Préfet de Dunkerque, M. Houcke, Maire d'Hazebrouck, M. Heddebault, vice-président, M. Deberdt, secrétaire-général et MM. les Membres du jury central de l'exposition, M. Cappon, président et MM. les membres de la société d'agriculture d'Hazebrouck.

Le cortége, précédé de la musique de la ville et escorté par la compagnie de sapeurs-pompiers municipaux, s'est rendu sur la Grande Place, où une estrade avait été préparée, devant la colonnade de l'hôtel-de-ville ornée et pavoisée jusqu'au faîte, par les soins de M. Soudant, agent-voyer principal d'arrondissement, qui avait bien voulu accepter les fonctions d'architecte de l'exposition.

M. le Secrétaire-général de la préfecture du Nord, après avoir été reçu par MM. les membres du comité d'organisation de l'exposition, a pris place sur l'estrade qu'occupaient déjà MM. les Membres du jury spécial du concours d'animaux reproducteurs, M. Leclerc, ancien Sous-Préfet d'Hazebrouck, M. le Curé-Doyen et les membres du clergé de la ville, plusieurs conseillers généraux et d'arrondissement, MM. les Maires des principales villes et communes des environs, un grand nombre de fonctionnaires de la ville et de l'arrondissement et MM. les Membres des sociétés agricoles, mêlés aux lauréats des différents concours.

M. le Secrétaire-général de la préfecture du Nord ayant à sa droite M. le Sous-Préfet d'Hazebrouck, président du jury

central, M. le Curé-Doyen d'Hazebrouck et M. le président
de la société d'agriculture d'Hazebrouck, à sa gauche, M. le
Député de l'arrondissement, M. le Maire de la ville, M. le
vice-président et M. le secrétaire-général du jury central et
M. le secrétaire du jury spécial du concours départemental d'animaux reproducteurs, a ouvert la séance par le discours suivant :

   « Messieurs ,

  » En venant occuper cette place et prendre la parole au
» milieu de vous, j'ai hâte de reporter l'honneur tout entier
» de cette mission à celui même qui m'envoie, au Chef aimé
» et respecté de ce département. Mais ce dont je veux ma
» part, Messieurs, c'est de la satisfaction à exprimer devant
» l'organisation de ce concours; ce que je tiens à acquitter
» aussi, pour mon compte, c'est le tribut de félicitations et
» d'éloges, qui vous est dû, Messieurs les membres du jury
» central et de la société d'agriculture d'Hazebrouck, pour
» l'activité de vos efforts, l'impartialité de vos jugements et
» le succès de votre entreprise.
  » Guidés par un sentiment rare, celui de l'abnégation, vous
» vous êtes réunis dans cette ville hospitalière, pour être
» utiles à d'autres que vous. C'est là le signe des œuvres
» fortes. Il sort toujours du bien de ce qui est élaboré avec
» les ressources puissamment combinées de l'esprit de désin-
» téressement et de l'esprit d'association.
  » Hommes de longue et sage expérience, hommes de spé-
» culation et d'études, vétérans de nos comices, jeunes et
» hardis pionniers de l'investigation scientifique, membres de
» nos grands corps politiques, tous, amis des sereines préoc-
» cupations du travail et de la paix, vous êtes venus, désignés
» par vos services, participer à ces assises de l'agriculture
» flamande.
  » Ne vous étonnez donc pas, Messieurs les membres du
» jury central, ni du nombre et de la confiance des exposants,
» ni de l'empressement de la population autour de vous, ni
» du concours sympathique des magistrats municipaux d'Ha-
» zebrouck, ni de la courtoisie accomplie, je le sais, et de
» la coopération principale du Chef de cet arrondissement ;
» tout cela vous était acquis, tout cela était commandé par
» cette œuvre sérieuse de bien public.
  » On a raison, Messieurs, de comprendre ainsi et de traiter
» avec ces nobles égards les travaux de l'agriculture.
  » Il est juste, en effet, et d'un excellent exemple que,
» comme pour les actions d'éclat dans la guerre, dans les
» lettres, dans les beaux-arts, en un mot, dans les manifes-
» tations brillantes de l'activité humaine, il y ait aussi, pour

» les services utiles, féconds et modestes, une constatation
» solennelle et de publiques récompenses.

» Ce n'est point uniquement par la pensée du gain que
» sont excités dans leur tâche, ni le laboureur qui creuse le
» sillon et qui le fertilise, ni l'agronome qui combine les asso-
» lements et varie savamment les cultures, ni celui qui, pour
» relever et alléger l'effort de l'homme sur la matière, in-
» vente ou perfectionne des instruments mécaniques de travail.
» Il y a, dans le cœur de tous ces hommes laborieux, autre
» chose qui veut une autre satisfaction : il y a le mobile
» de l'honneur et le prestige des récompenses que l'honneur
» consacre. (Applaudissements.)

» Voilà le sens, Messieurs, de ces solennités agricoles, de
» ces véritables fêtes du travail, de ces distinctions pittores-
» ques et de ces médailles que l'on conserve avec respect, en
» Flandre, dans le cabinet de l'agronome et dans la ferme du
» cultivateur.

» Ainsi va s'enracinant, pour ainsi dire, dans les veines de
» votre sol, l'institution du concours départemental. Elle a
» désormais l'autorité de l'expérience heureuse. Elle est dou-
» blement chère aux populations et aux magistrats, et, à
» chaque épreuve nouvelle, cette institution, que le Conseil
» général protége, compte un progrès nouveau.

» Attentif à tout ce qui est grand et utile, l'Empereur vient
» de décider qu'un concours national d'agriculture serait orga-
» nisé, à Paris, en 1860.

» Après les glorieux triomphes de la guerre, vous aurez
» donc, Messieurs, les triomphes réparateurs de la paix.

» Pouviez-vous espérer une plus haute consécration de ces
» concours départementaux, que l'on peut considérer, en vérité,
» comme ayant préparé cette manifestation du pouvoir suprême
» en faveur de l'agriculture ?

» Vous serez prêts, Messieurs, l'an prochain, à prendre
» part à ce concours national et vous y soutiendrez, j'en
» suis convaincu, la renommée de l'agriculture flamande.

» Vous ne perdrez pas de vue toutefois que, dans d'autres
» régions de la France, le goût des perfectionnements agri-
» coles se ranime ou se fortifie ; que l'on s'y prépare à vous
» disputer le prix et que vous serez enfin jugés et récom-
» pensés par le Souverain qui féconde la Sologne et les Landes,
» et qui, entre Magenta et Solférino, relevait, pour les faire
» appliquer chez nous, certains procédés, réellement avantageux,
» de la culture en Lombardie. (Sensation, applaudissements.)

» Au reste, Messieurs, les éléments même de ce beau
» concours départemental ont témoigné du soin que les culti-
» vateurs de la contrée apportent à bien comprendre la portée

» saine et pratique de ces exhibitions. On dirait qu'ils ont
» eu présentes à leur esprit ces sages paroles que je suis
» heureux de reproduire ici :

» *Pour que ces concours ne fassent pas illusion et portent*
» *avec eux un utile enseignement, il faut qu'ils se rattachent*
» *à des progrès réels de l'agriculture et qu'ils ne dégénèrent*
» *pas en vains rassemblements de nouveautés plus ou moins*
» *extraordinaires ou phénoménales, qui peuvent bien exciter*
» *un instant l'attention et la curiosité, mais qui sont, à*
» *coup sûr, indifférentes, dans l'immense majorité des cas,*
» *pour les grands intérêts de la société avec lesquels se con-*
» *fondent les améliorations agricoles.* »

» Ces conseils du modeste et savant Loiset ne sauraient
» être trop fidèlement suivis.

» Éclairée par les leçons de l'expérience, maintenue, par
» le bon sens, à égale distance de la routine et de la théorie,
» votre agriculture s'est développée, Messieurs, avec un mer-
» veilleux ensemble. En faisant aux céréales la plus large
» part, c'est-à-dire en leur réservant plus de la moitié de
» votre sol arable, vous traitez, dans des proportions pru-
» demment calculées, les cultures alimentaires, fourragères et
» industrielles. On dirait vraiment que, placés à une extrê-
» mité du territoire national, en face des étrangers qui sem-
» blent condamnés à vous porter envie, vous ayez pris à
» tâche de leur montrer, du même coup, en agriculture
» comme en industrie, ce que peuvent réaliser, en France, l'esprit
» de suite, l'amour de l'ordre et du travail. (Applaudissements).

» Aussi, Messieurs, à l'aspect de votre riche et laborieuse
» province, un Anglais du siècle dernier écrivait-il ces lignes,
» d'une justice trop peu imitée peut-être de nos jours : « *Les*
» *plaines fertiles, profondes et unies de la Flandre sont*
» *aussi belles qu'il est possible d'en trouver, pour récom-*
» *penser l'industrie des hommes.* » (1)

» Oui, Messieurs, quand on entre dans ce département du
» Nord, la vue n'est pas étonnée seulement du nombre des
» cités, de la force de leurs murailles, de l'incomparable
» réseau des lignes de fer, des canaux, des routes et des
» voies vicinales, c'est la terre même dont l'aspect captive le
» voyageur, la terre partout cultivée, partout fertile, partout
» peuplée, avec des écoles et des églises neuves, et mani-
» festant partout cette grave entente du travail de l'homme
» et de la bénédiction de Dieu !

» Soyons donc fiers, Messieurs, de consacrer, vous vos
» veilles studieuses, vous le travail de vos mains, à cette

---

(1) Sir Arthur Young.

» terre privilégiée. Car, plus qu'ailleurs peut-être, elle en-
» seigne aussi à ses habitants le patriotisme et la bravoure.
» Comment, en effet, ne seraient-ils pas surtout épris de la
» gloire militaire, les cultivateurs des champs de Denain et
» de Bouvines, d'Hondschoote et de Cassel ; les cultivateurs
» des plaines de Lille, des plateaux de Maubeuge, des dunes
» de Dunkerque ; ces hommes dont les propres champs furent
» des champs de bataille glorieux et qui naissent, vivent et
» meurent en pleine histoire de France ? (Interruption pro-
» longée, applaudissements.) Aussi, quand les nouvelles géné-
» rations sont, à leur tour, appelées sous les drapeaux, il
» faut voir avec quelle résolution virile elles répondent à la
» voix de la patrie. On sait, Messieurs, comment ces jeunes
» soldats se battent, comment leur courage est servi par la
» vigueur rustique de leurs bras, de ces bras qui savent aussi
» bien tenir l'épée que la charrue, et se rendre deux fois
» utiles à la France et à l'Empereur. »

Après ce discours, dont les ingénieuses et patriotiques allu-
sions ont été accueillies par les applaudissements de la nombreuse assemblée qui se pressait dans l'enceinte réservée, les
noms des lauréats ont été proclamés successivement et de la
manière suivante :

Par MM. Heddebault, pour la 1.re section,
   Smagghe, pour la 2.e section,
   Heddebault, pour la 3.e section,
   Debaecker, pour la 4.e section,
   Heddebault, pour la 5.e section,
   Vercoustre, pour la 6.e section,
   Lobbedez, pour le concours départemental d'animaux
    reproducteurs,
   Deberdt, pour les agents agricoles,
   Le Sergeant de Monnecove, pour les services émi-
    nents rendus à l'agriculture.

CULTURES.

Collection de produits agricoles.

Médaille de vermeil, M. Porquet, à Bourbourg, pour l'ensemble de son exposition, l'importation d'une collection de
céréales et les soins exceptionnels qu'il donne à ses produits.

Collections de céréales.

Médailles de vermeil, MM. Vandercolme, à Dunkerque ;
Gouvion-Deroy, à Denain ; Fiévet, à Masny ; pour les beaux
échantillons de leurs cultures remarquables.

Médaille d'argent, petit module, M. Braquaval, à Hem,
pour sa collection nombreuse de blés exotiques.

Collection de betteraves de variétés diverses.

Médaille d'argent, grand module, M. Loridan-Loridan, à Merville.

CÉRÉALES.

Blé blanzé du pays.

1.er prix, méd. de vermeil, M. Six, Florimond, à Wambrechies.
2.e prix, méd. d'argent, g. m., M. Rouhart, à Estaires (Doulieu).
3.e   idem.   m. m., M. Potier, à Merville.
4.e   idem.   p. m., M. Bourel-Galiot, à Hazebrouck.

Blé barbu du pays.

Prix unique, méd. d'argent, m. m., M. Gruyelle, J.-B., à Houplin.

Blés d'autres espèces ou variétés admises plus ou moins récemment dans les cultures.

1.er prix, méd. d'argent, g. m., M. Mahieu, à Cappelle.
2.e   id.   m. m., M. Claudorez, Lamb., à Morbecque
3.e   id.   p. m., M. Landron, à Broukerque.

Seigle.

Prix unique, médaille d'argent, m. m., M. Hubert, à Loon.

Orge d'hiver, scourgeon ou sucrion.

1.er prix, méd. d'argent, m. m., M. Caron, à Loon.
2.e   id.   p. m., M. Claudorez, Lambert.

Avoines d'espèces ou variétés diverses.

1.er prix, méd. d'argent, g. m., M. Seingier, à Steenwerck.
2.e   id.   m. m., M. Bernard, à Roost-Warendin.
3.e   id.   p. m., M. Demeersseman, à Borre.
4.e   id. de bronze, M. Haeu, Louis, à Steenvoorde.

PLANTES FOURRAGÈRES.

Hivernage composé de seigle, de vesce ou de lentillons.

1.er prix, méd. d'argent, g. m., M. Fiévet, à Masny.
2.e id.   id.   m. m., M. Leroy-Dubois, à Illies.

Warats, fourrage de férerolle seule ou associée à une céréale.

1.er prix, méd. d'argent, m. m., M. Louf-Wasca, à St-Georges.
2.e   id.   p. m., M. Weens, à Méteren.

Trèfle commun ou tranen.

1.er prix, méd. d'argent, m. m., M. Villette, à Pradelles.
2.e   id.   p. m., M. Delangre-Salembié, à Nieppe.

Trèfle incarnat, dit Anglais.

La commission a refusé une récompense à cette catégorie de produits en motivant son refus sur l'infériorité de ce fourrage

Luzerne ordinaire.

Mention très-honorable à M. Fiévet, à Masny, pour l'échantillon remarquable N.° 77.

Mention très-honorable à M. Desoutter, Auguste, à Hazebrouck, pour l'échantillon N.° 95.

Sainfoin.

Les spécimens de cette culture n'ont pas été jugés dignes de recevoir les primes attribuées par le programme à cette excellente plante fourragère.

Espèces annuelles de graminées cultivées spécialement pour fourrages, telles que millet, seigle, orge, maïs, etc.

Prix unique, méd. d'arg., m. m., M. Deroo, Franç., à Merville.

Prairies artificielles composées de graminées vivaces, telles que l'ivraie vivace ou raygrass, l'ivraie d'Italie, l'agrostide stolonifère ou fiorin, etc.

Prix unique, médaille d'argent, g. m., M. Vandercolme.

Prairies naturelles.

Prix unique, méd. de bronze, M. Testard, Gaspard, à Bourbourg.

RACINES FOURRAGÈRES.

Betteraves à vaches.

1.er prix, méd. d'arg., m. m., M. Levive, Fr., à Hazebrouck, pour une collection de betteraves.

2.e prix, méd. de bronze, M. Demersseman.

PLANTES OLÉAGINEUSES.

Colza et ses variétés.

1.er prix, médaille d'arg., g. m., M. Gruyelle.

2.e id. id. m. m., M. Vangraefschepe, à Steenvoorde

L'échantillon qui fait l'objet de la première de ces deux distinctions appartenant à la variété dite *Parapluie*, plus abondante en graine, a obtenu la première prime comme plante oléagineuse nouvellement importée.

Pavot et œillette.

Prix unique, méd. d'arg., m. m., M. Claudorez, Lambert.

Cameline.

La commission a jugé que les échantillons de cette plante oléagineuse présentés au concours n'étaient pas dignes de récompense.

PLANTES TEXTILES.

Lins de toute culture.

1.er prix, méd. de vermeil, M. Belle, à Bourbourg-Campagne.

2.e id. d'argent, g. m., M. Lecat-Butin, à Bondues.

3.e id.   id.   m. m., **M. Deroo, François.**
4.e id.   id.   p. m., **M. Hennebel, Pierre, à Merris**

Chanvre.

Prix unique. Médaille d'argent, m. m., **M. Caby, à Douai.**

PLANTES ÉCONOMIQUES ET INDUSTRIELLES.

Houblon du pays.

Prix ex æquo. Méd. d'argent, m. m., **M. Deberdt, Emmanuel, à Flêtre,** et **M. Villette.**
Mention honorable à **M. Verbèke, à Steenvoorde.**
      id.   à **Mme. veuve Bourel, à Hazebrouck,** pour de
remarquables échantillons de houblons verts.

Houblon de Spalt.

Prix unique. Médaille d'argent, m. m., **M. Morcel, à Eecke.**

Chicorée.

Prix unique. Méd. d'argent, p. m., **M. Romond, à Marquillies.**

Tabacs.

1.er prix. Méd. de vermeil, **M. Charles, Pierre-Jh., à La Gorgue.**
2.e prix. Méd. d'argent, g. m., **M. Deswazière, à Bondues.**
3.e   id.   m. m., **M. Desfossez, H., à Steenvoorde.**
4.e   id.   p. m., **Mme. veuve Ducourant, à Vieux-
Berquin.**
Mentions très-honorables, à **M. Penin, Louis, à Morbecque ;**
à **M. Cleenewerck-Dequidt, à Hazebrouck ;** à **M. Decoopman, à
Hazebrouck,** dont les tabacs verts ont puissamment concouru
à l'ornementation des salles de l'exposition.

Betteraves à sucre.

A **M. Desprez, à Cappelle,** pour sa collection de graines
de betteraves à sucre, rappel de la distinction qu'il a obtenue
au concours agricole départemental en 1857.
1.er prix. Méd. d'argent, g. m., **M. Lepeuple, à Bersée,**
pour sa collection de graines de betteraves à sucre.
2.e prix. Méd. d'argent, p. m., **M. Deroo, François.**

Sorgho.

Prix unique. Méd. de bronze, **M. Nabor-Delourme, à Avelin.**

Osiers.

Prix unique. Méd. de bronze, **M. Villette**

Section hors concours.

Médaille de bronze à **M. Bienvenu, J.-B.,** sourd-muet, do-
mestique chez **M. Platel, à Loos,** pour la confection d'un objet
d'ornementation en paille présenté au concours.

Médaille de vermeil à **M. Proyaert**, cultivateur à Hendecourt-lez-Cagnicourt (Pas-de-Calais), pour l'importance et la beauté de ses collections.

LÉGUMES PROPREMENT DITS (VARIÉTÉS).

1.er prix, médaille de bronze, M. Verstraet, à Hazebrouck.
2.e id.   id.   M. Meurillon, à Hazebrouck.
3.e id.   id.   M. Fagoo, à Bailleul.
4.e id.   id.   M. Lambrecht, à Hazebrouck.

LÉGUMES RACINES.

Pommes de terre.

1.er prix, méd. d'argent, m. m., M. Porquet, à Bourbourg.
2.e id.   id,   p. m., M. Debaecker, à Hazebrouck.
3.e id.   id.   p. m., M. Beutin, à Bourbourg.
4.e id. médaille de bronze, M. Loridan-Loridan.
5.e id.   id.   M. Villette.

Ignames, topinambours, etc.

1.er prix, médaille de bronze, M. Fauvel, à Ascq. (Ignames).
2.e id.   id.   M. Fauchez, à Emmerin (Topinambours).

Plantes potagères (Haricots).

1.er prix, méd. d'argent, p. m., M. Loridan-Loridan, à Merville.
2.e id. méd. de bronze, M. Claudorez Dominique.
3.e id.   id.   M. Lestavel, à Hazebrouck.

Plantes potagères à fruits comestibles.

1.er prix, méd de bronze, M. Rose, à Hazebrouck. (Tomates.)
2.e id.   id.   M. Cleenewerck, à Hazebrouck. (Melons).
3.e id.   id.   M. de Beauval, à Morbecque. (Melons.)
4.e id.   id.   M. de Beauval, à Morbecque. (Collection de concombres blancs).
5.e prix, méd. de bronze, M. Claudorez, Dominique. (Potirons.)

FRUITS.

Fruits à noyaux, fruits à pépins et raisins.

1.er prix, méd. de vermeil, M. le baron de La Grange, à Morbecque.
2.e prix, médaille d'argent, g. m., M. Cleenewerck.
3.e id.   id.   m. m., M. Théry, à Steenwerck.
4.e id.   id.   p. m., M. Wackernie, à Cassel.
5.e id.   id.   p. m., M. Herry, à Bailleul.

Raisins.

1.er prix, méd. d'argent, p. m. Mme. Cortyl, à Caestre.
2.e id.   id.   p. m., M. Vandewalle, L., à Hazebrouck.
3.e id. médaille de bronze, Mme. Chevalier, à Cassel.

Prix spécial décerné aux produits provenant d'un autre département.

Médaille de bronze, M. Delache, à St.-Omer (Pas-de-Calais).

FLEURS.

Collections de plantes fleuries.

Prix, médaille de bronze, M. Joets, à Hazebrouck.

Prix spécial décerné à une collection de conifères provenant d'un autre département.

Médaille d'argent, M. Delache.

Zootechnie.

OISEAUX DOMESTIQUES.

Collections et variétés d'oiseaux domestiques.

1.er Prix. Médaille de vermeil, M. le comte d'Hespel, à Wavrin, (17 variétés).

2.e Prix. Médaille d'argent, g. m., M. Porquet, à Bourbourg (30 sujets).

Oiseaux domestiques. — (Poules de Padoue.)

Prix. Méd. d'argent, m. m., M. Houvenaghel-Smagghe, à Hazebrouck (introduction d'une nouvelle variété Padoue).

Prix. Méd. d'argent, m. m., M. Guermonprez, à Hazebrouck (propagation de cette race).

Oiseaux croisés.

Prix. Méd. d'argent, m. m., M. Charton, à Wazemmes, pour son intéressante étude sur le croisement et la fécondité des différentes espèces.

Oiseaux de race flamande.

Prix ex-œquo. Méd. d'argent, p. m., M. Joets, à Hazebrouck, et M. Omaere, Benoit, à Hazebrouck.

Canards.

Prix. Médaille d'argent, p. m., M. Perron, à Loobergue.

Dindons.

Prix. Méd. d'argent, p. m., M. Claudorez, Lambert.

Abeilles.

1.er Prix. Médaille d'argent, p. m., M. Delbecque, Alexandre, à Hazebrouck. Ruches et miel en rayons.

2.e Prix. Méd. de bronze, M. Vandevelde, Pierre, à Hazebrouck. Ruches.

AMENDEMENTS ET ENGRAIS. — INDUSTRIES ET ARTS AGRICOLES.

Calcaires.

Prix ex-œquo. Médaille de bronze, Mme. veuve Lelong, à Hazebrouck. Mme. veuve Houvenaghel, à Hazebrouck.

Médaille d'argent, g. m.. M. Médard, secrétaire du comice agricole de Valenciennes, pour un tableau synoptique et descriptif des matières fertilisantes inorganiques ou engrais minéraux employés en agriculture.

Beurre.

1.er Prix. Méd. d'argent, g. m., Mme. veuve Acke, à Borre.
2.e   Id.   p. m., M. Deroo, à Morbecque.
3.e Prix. Méd. de bronze, M. Loridan, à St.-Sylvestre-Cappel.

Bière.

Médaille de vermeil, M. Houvenaghel-Smagghe, à Hazebrouck.

Chicorée torréfiée et en poudre.

Médaille de bronze, MM. Stragier et Ghesquière, à Dunkerque.

Farines et fleurs de farines.

Médaille d'argent, g. m., M. Cattoir, farinier à Hazebrouck.

Amidon de céréales.

Médaille d'argent, p. m., M. Frappé-Leloir, à la Madeleine-lez-Lille.

Huiles.

Médaille d'argent, g. m , M. Deberdt, Emmanuel, à Flêtre.

Tourteaux.

Médaille de bronze, M. Maerten-Debruyne, à Hazebrouck.

LINS.

Après les divers modes de rouissage, de teillage et de peignage.

1.er Prix. Médaille de vermeil, M. Scrive, à Lille, pour lins rouis et teillés par procédé manufacturier.
2.e Prix. Médaille d'argent, g. m., M. Porquet, à Bourbourg, pour lins rouis, teillés et peignés d'après divers procédés.
3.e Prix. Médaille d'argent, p. m., M. Lecat-Butin, à Bondues.
4.e Prix. Médaille de bronze, M. Dumortier-Cocheteur, à Forest.

Fabrication de tuyaux de drainage.

1.er Prix. Médaille d'argent, p. m., MM. Massart et Guermonprez, à Hazebrouck.
2.e Prix. Médaille de bronze, Mme. veuve Lelong, à Hazebrouck.

Fabrication de fruits secs.

Médaille de bronze, M. Mirland, à Pecq, pour pâte de pommes.

INSTRUMENTS ARATOIRES ET MACHINES AGRICOLES DIVERSES.

Charrues, brabants, semoirs, herses, extirpateurs, etc.

Médaille de vermeil, M. Mahieu, à Cappelle (semoir).

Médaille d'argent, g. m., M. Pruvost, à Wazemmes (semoir).

Médaille de vermeil, M. Demesmay, à Templeuve, pour sa charrue forte et sa fouilleuse.

Médaille de bronze, M. Six-Spillard, à Dunkerque, pour construction de charrue sous-sol et extirpateur.

Médaille de bronze, M. Empis, pour la construction d'un brabant en fer.

Médaille de vermeil, M. Quiret, pour sa charrue-semoir.

Médaille d'argent, g. m., MM. Bootz-Laconduite et Leroy, à Douai, à titre d'encouragement pour leur machine à moissonner.

Médaille de vermeil, MM. Bootz-Laconduite et Leroy, pour leur rateau à cheval.

Médaille de bronze, M. Beheydt, à Bailleul, pour son chariot.

Médaille d'argent, g. m., M. Halonchery, à Merville, pour son hâche-paille concasseur de grains et broyeur de tourteaux.

Médaille de bronze, M. Porquet, à Bourbourg, pour son rayonneur.

Médaille de bronze, M. Porquet, à Bourbourg, pour sa machine à teiller les lins.

Médaille d'argent, g. m. MM. Massart et Guermonprez, pour leur machine à fabriquer les tuyaux de drainage.

Médaille de bronze, M. Blin, à Lille, pour sa baratte, système Fouju.

Médaille d'argent, g. m., M. Debièvre, à Lille, pour la propagation des machines à vapeur locomobiles.

Médaille de vermeil, M. Debièvre, à Lille, pour sa machine à battre locomobile.

Médaille d'argent, p. m., M. Carlier, à Steenbecque, pour son outillage agricole varié.

Médaille de vermeil, M. Delpy, à Douai, pour ses pompes.

EXPOSANTS ÉTRANGERS AU DÉPARTEMENT.

Médaille de vermeil, M. Lebrun, à La Neuville-lez-Wasigny (Ardennes), pour son hâche-paille, et spécialement pour son plus petit modèle.

Médaille d'argent, g. m., M. Debaecker, à St.-Pierre-lez-Calais (Pas-de-Calais), pour sa batteuse à manège.

Concours départemental d'animaux reproducteurs.

RACE CHEVALINE.

Étalons de l'industrie privée.

1.re prime, 200 fr., M. Tassart, à Craeywick.
2.e id. 100 fr., M. Decrouez, à Briastre.

Juments.

1.re prime, 100 fr., M. Hatrez, Benjamin, à Cappelle.

2.º id. 75 fr., M. Puppinck, à Cassel.

Poulains.

1.re prime, 75 fr., M. Hennebel, à Merris.
2.º id. 50 fr., M. Omaere, Henri, à Hazebrouck.

RACE BOVINE.

Taureaux d'un an à 18 mois (race flamande)

1.re prime, 250 fr., M. Loby, à Ghyvelde.
2.º id. 200 fr., M. Sys, Louis, à Hazebrouck.
3.º id. 150 fr., M. Rancy, François, à Hazebrouck.
4.º id. 100 fr., M. Landron, à Brouckerque.

Taureaux de 2 ans et au-dessus (race flamande).

1.re prime, 150 fr., M.me veuve Trottein, à Hazebrouck.
2.º id. 100 fr., M. Westerlynck, à Caestre.

Taureaux de races diverses, sans condition d'âge.

1.re prime, 250 fr., M. Masselis, à Rexpoëde.
2.º id. 200 fr., M. Colerie, à Morbecque.

Génisses pleines n'ayant que deux dents dites de remplacement (Race flamande).

1.re prime, 100 fr., M. Dehaine, à Hazebrouck.
2.º id. 75 fr., M. Loridan, Henri, à Merris.

Vaches laitières ou pleines de tout âge (race flamande).

1.re prime, 100 fr., M. Colerie, à Morbecque.
2.º id. 75 fr., M. Louis, Anthelme à Hazebrouck.
3.º id. 50 fr., M. Loridan-Loridan, à Merville.

RACE OVINE.

Béliers de race indigène ou étrangère.

1.re prime, 75 fr., M. Léturgie, à Ste.-Marie-Cappel.
2.º id. 50 fr., M. Maerten, César, à Boeschepe.

RACE PORCINE.

Verrats.

1.re prime, 100 fr., M. Rancy, François, à Hazebrouck.
2.º id. 80 fr., M. Loridan-Loridan, à Merville.

Le jury a décidé qu'il n'y avait pas lieu de décerner la 3.º et la 4.º primes.

ÉTALONS DÉPARTEMENTAUX.

Cinq étalons départementaux ont été présentés, le jury accorde aux dépositaires de chacun d'eux une médaille d'argent, pour les soins qu'ils leur ont donnés et le bon état dans lequel se trouvent ces animaux reproducteurs.

CONCOURS DE LABOURAGE.

Charrues dites Brabant.

1.er prix. Médaille d'argent, p. m., et prime de 50 francs, M. Huyghe, Louis, chez M. Woestelandt, à Morbecque.

2.e prix. Médaille d'argent, p. m., M. Compagnon, Benoit, chez M. Colerie, à Morbecque.

3.e prix. Médaille de bronze, M. Carré, Pierre, chez M. Seingier, à Steenwerck.

4.e prix. Médaille de bronze, M. Douchy, chez Mme veuve Bourel, à Hazebrouck.

5.e prix. Médaille de bronze, M. Trottein, Liévin, à Hazebrouck.

Charrues à roues.

1.er prix. Médaille de bronze et prime de 25 fr., M. Dumoulin, chez M. Facqueur, à Staple.

2.e prix. Médaille de bronze, M. Monté, Fidèle, chez M. Demarescaux, à Eecke.

Charrues attelées de vaches.

1.er prix. Médaille d'argent, p. m., et prime de 50 fr., M. Deroo, Jules, à Morbecque.

2.e prix. Médaille de bronze, M. Baey, chez M. Lemille, à Vieux-Berquin.

3.e prix. Médaille de bronze, M. Sénéchal, Henri, à Morbecque.

CONCOURS DE DRAINAGE.

1.er prix. 75 fr., M. Ryckelynck, Benoit, à Bavinchove.

2.e id. 50 fr., M. Canler, Pierre, à Merckeghem.

3.e id. 25 fr., M. Vanhove, Edouard, à Oxelaere.

Considérant que le sieur Alloo, Benoit, de Rexpoëde, a été mis hors concours par suite de l'insuffisance de ses ouvriers, le jury, à cause de la beauté et de la précision extraordinaire de son travail, lui a décerné une médaille d'argent, grand module.

AGENTS AGRICOLES.

Berger.

Sis, Léonard, berger chez Mme veuve Persyn, à Noordpeene, un instrument d'honneur (houlette), et un livret de 20 fr. à la caisse d'épargne.

Valets de charrue.

1.er prix. Simon, Joseph, chez M. Compagnon, à Steenbecque, un instrument d'honneur (fourche) et un livret de 20 fr. à la caisse d'épargne.

2.e Prix. Delallian, Pierre-Philippe, à Merville, médaille d'argent et livret de 20 fr.

3.e Prix. Deletrez, François, chez M. Menneghéer, à Flètre, médaille d'argent et livret de 20 fr.

Ouvriers de ferme.

1.er Prix. Brame, Albéric, employé dans la famille Lefranc, à La Gorgue, un instrument d'honneur (fourche) et un livret de 20 fr. à la caisse d'épargne.

2.e Prix. Bailleul, François, chez Mme. veuve Sys, à Hazebrouck, médaille d'argent et livret de 20 fr.

3.e Prix. Dewalle, François, chez M. Debuisse, cultivateur à Blaringhem, médaille d'argent et livret de 20 fr.

4.e Prix. Wallaert, François, chez M. Vandienste, Pierre, à Arnèke, médaille d'argent et livret de 20 fr.

5.e Prix. Franchomme, Benoit, chez M. Degaey, Jacques, à Zuytpeene, médaille d'argent et livret de 20 fr.

Servante de ferme.

Clarisse, Marie-Alexandrine, chez M. Vanuxem-Cardon, à Steenwerck, médaille d'argent et livret de 20 fr.

Services éminents rendus à l'agriculture.

Médaille d'or, M. Loridan-Loridan, à Merville, arrondissement d'Hazebrouck.

Id.   M. Leroy-Dubois à Illies, arrondissement de Lille.

Id.   M. Mahieu, Henri, à Cappelle, arrondissement de Dunkerque.

Id.   M. Deslinsel, Adolphe, à Denain, arrondissement de Valenciennes.

Médaille de vermeil, M. Bernard, à Roost-Warendin, arrondissement de Douai.

Id.   M. Tellier, à Carnières, arrondissement de Cambrai.

La musique de la ville d'Hazebrouck, dont le concours obligeant ne fait jamais défaut à aucune fête, a exécuté pendant les intervalles de la distribution plusieurs morceaux qui ont été vivement applaudis.

La séance est levée à midi et le cortége retourne à la Sous-Préfecture dans le même ordre que le matin, mais accompagné cette fois par la plus grande partie des personnes qui ont assisté à la distribution des récompenses et des lauréats des divers concours.

Fait à Hazebrouck, le 18 septembre 1859.

Le Secrétaire,   *Le Président,*

Signé : C. DEBERDT.   Signé : DUREAU.

Banquet.

A cinq heures après-midi, un banquet de cent couverts, présidé par Monsieur Dureau, secrétaire-général de la Préfecture du Nord, réunissait, dans le salon blanc de l'Hôtel-de-ville d'Hazebrouck, la plupart des personnes qui avaient pris part à la distribution des récompenses et les principaux lauréats de l'exposition.

Les toasts suivants ont été portés dans cette réunion pleine d'entrain et de cordialité :

Par M. Dureau, Secrétaire-général de la Préfecture du Nord :

« A l'Empereur !

» Du milieu de ces champs paisibles de la Flandre, comme
» naguère des champs de bataille de l'Italie, du cœur de
» nos bonnes populations agricoles comme du cœur de nos
» vaillants soldats, qu'un même cri de fidélité et de re-
» connaissance monte vers le souverain glorieux et clément,
» en qui se résument les forces et les aspirations généreuses de
» la Grande Nation; à l'Empereur !
(Acclamations et cris de vive l'Empereur !)

» A sa compagne auguste, qui a montré tant de confiance
» au peuple, durant sa mémorable régence, dont l'âme toute
» française est si sensible à la gloire de notre drapeau et si
» compatissante à la souffrance des malheureux : à l'Impératrice !
(Acclamations et cris de vive l'Impératrice !)

» A cet enfant, qui est né et qui grandit dans les splen-
» deurs de la patrie; que le génie éprouvé de l'Empereur et
» la tendresse de l'Impératrice élèvent pour le bonheur de
» nos enfants; et qui, lui aussi, saura un jour gouverner la
» France parce que déjà il sait l'aimer : Au prince Impérial! »
(Acclamations et cris de vive le Prince Impérial !)

Par M. Le Sergeant de Monnecove, Sous-Préfet d'Hazebrouck et président du jury central de l'exposition :

« Messieurs,

» Je vous propose de boire aux agriculteurs du départe-
» ment du Nord et aux lauréats de l'exposition, dont c'est
» aujourd'hui la fête.

» J'avais eu d'abord l'intention de passer rapidement en
» revue devant vous les différentes classes de notre expo-
» sition, mais après les magnifiques paroles que nous avons
» entendues ce matin et qui appartiennent désormais à l'histoire
» de l'agriculture flamande, je sens que cette même agricul-
» ture ne saurait plus être aussi bien louée que par ses
» œuvres.

» Nous devons boire toutefois à ceux qui ont été ses apôtres

» et à ceux qui sont ses soldats parmi nous, aux plus hum-
» bles comme aux plus illustres de nos lauréats; car notre
» programme avait pour tous des promesses, et vos suffrages
» nous ont dit que vous aviez trouvé des titres pour toutes
» les récompenses.

» Et d'abord à ces agriculteurs distingués qui nous ont
» envoyé le meilleur contingent de leurs sillons, et qui
» remplissent nos salles deux fois agrandies de la série com-
» plète des fruits de la terre que fécondent leurs travaux!

» A ces jardiniers habiles auxquels nous devons ces fleurs et
» ces fruits, dont l'aspect si varié et la disposition si ingé-
» nieuse diversifient heureusement les aspects richement mono-
» tones de nos collections agricoles!

» Aux savants constructeurs, aux propagateurs intelligents
» qui nous font connaître leurs efforts et constater leurs succès
» pour substituer à la force de l'homme isolé, aux labeurs
» exagérés que l'emploi des instruments primitifs lui impose,
» l'application des instruments et des machines dont le per-
» fectionnement régularise et diminue sa peine, et en accroît
» singulièrement les résultats!

» Aux industriels et aux cultivateurs dont les objets manu-
» facturés dans les ateliers ou mis en œuvre dans les fermes
» consacrent la supériorité qui nous est acquise pour diverses
» fabrications spéciales!

» A ces éleveurs habiles dans le choix comme dans le
» croisement des races et qui nous ont montré hier une exhi-
» bition moins nombreuse, il est vrai, que nous ne devions
» l'espérer, mais présentant pour chaque espèce des types
» choisis!

» Après eux, et dans l'ordre de notre programme, à ces
» hommes que vont chercher nos plus hautes récompenses, et
» auxquels nous les décernons pour les services éminents
» qu'ils ont rendus à l'agriculture; à ces hommes qui, réunis-
» sant tous les efforts dont je viens de parler, à la fois
» agriculteurs, éleveurs et industriels, ont créé souvent, mais
» ont amélioré toujours autour d'eux la condition morale
» et matérielle des cultivateurs et de la culture; et desquels
» on peut dire, si l'un de nos rapporteurs veut bien me prêter
» ses paroles, qu'ils ont bien mérité de leur pays?

» A ces agents si modestes et si méritants, les collabora-
» teurs les plus dévoués de nos agronomes et dont les travaux
» de labourage et de drainage ont mérité tout l'intérêt des
» nombreux spectateurs de leurs concours!

» A ces serviteurs modèles, vétérans de l'agriculture, que
» des applaudissemens unanimes ont salués ce matin, et que

» nous aussi nous avons tant de plaisir à rechercher et à
» récompenser !

» A tous ceux enfin qui, par leurs efforts et par leurs
» exemples, contribuent à la prospérité de cette agriculture
» flamande, que nous savons pouvoir montrer à tous avec
» orgueil, et qui s'associent de la sorte aux plus sincères et
» aux plus constantes sympathies de l'Empereur et de son
» gouvernement !

» A tous ceux qui commencent, qui poursuivent ou qui
» achèvent cette noble carrière de l'agriculture, dont les ré-
» compenses sont égales aujourd'hui à celles que la patrie
» décerne à ses fils les plus vaillants, parce qu'elle produit
» des hommes aussi capables de vaincre les résistances de la
» nature, que de maintenir haut et ferme vis-à-vis du désordre
» et en face de l'étranger le drapeau dont les plis flottent
» ici sur nos têtes !

Par M. Cappon, président de la société d'agriculture d'Hazebrouck :

« Messieurs ,

» Au nom de tous mes collègues de la société d'agricul-
» ture d'Hazebrouck, je porte la santé de MM. les membres
» des sociétés et comices d'agriculture du département du
» Nord, et particulièrement de leurs délégués au jury central
» de cette exposition.

» Nous avons trouvé dans les associations qui nous avoi-
» sinent un concours actif et intelligent ; leurs représentants,
» plus familiarisés que nous avec les solennités que nous célé-
» brons, nous ont aidés de leurs conseils et de leur expérience,
» et, par la cordialité qu'ils ont su mettre dans leurs relations,
» ils nous en font, pour ainsi dire, regretter la fin.

» Nous comptons sur le plaisir de les rencontrer ailleurs,
» dans de semblables assises agricoles, et nous serons heureux,
» en toutes circonstances, de leur prouver nos sentiments de
» bon souvenir et de gratitude.

» Je bois, Messieurs, à la santé de tous nos collègues du
» département du Nord. »

Par M. Heddebault, délégué du comice agricole de Lille et
vice-président du jury central de l'exposition :

A LA VILLE D'HAZEBROUCK !

Aux Agriculteurs de l'arrondissement.

« Organe du comice agricole de Lille, j'ai à cœur de dire
» bien haut ici, Messieurs, nos profondes sympathies pour la
» ville d'Hazebrouck et pour les habitants de ses cantons.

» Lille a eu souvent à apprécier tout le mérite des agri-
» culteurs éminents issus de ce pays; souvent elle a concouru
» au triomphe des éleveurs hors ligne de la magnifique race
» flamande tant de fois couronnés de son enceinte.

» Je bois à la prospérité de la ville d'Hazebrouck, à la
» santé des agriculteurs de son arrondissement. »

Par M. Vandercolme, délégué de la société d'agriculture de
Dunkerque :

« Je viens à mon tour, au nom de mes collègues du jury
» central, vous proposer un toast, qui, je n'en doute pas,
» sera accueilli par votre assentiment unanime.

» Je viens exprimer à M. de Monnecove, votre président,
» et à M. Deberdt, votre secrétaire, notre reconnaissance
» pour la manière courtoise et habile dont ils ont dirigé
» toutes les opérations de cette exposition départementale, et
» pour perpétuer l'expression de notre gratitude, le jury central
» m'a donné la mission d'offrir à nos honorables président
» et secrétaire des médailles d'honneur, qui leur rappelleront
» les services qu'ils ont rendus et les sympathies qu'ils ont
» inspirées.

» A M. de Monnecove et à M. Deberdt ! »

La soirée s'est prolongée et s'est terminée avec la même
cordialité dans les salons de réception de l'Hôtel-de-Ville, que
la municipalité d'Hazebrouck avait mis à la disposition de la
commission d'organisation du banquet.

L'an 1860, le cinq mars, à dix heures du matin, la Société
d'agriculture d'Hazebrouck s'est réunie à l'Hôtel-de-Ville d'Hazebrouck, sous la présidence de M. Deschodt, conseiller général,
suppléant M. le président et M. le vice-président empêchés.

Une commission choisie dans le sein du comité d'organisation
de la 4.ᵉ exposition agricole du département du Nord et du
concours départemental d'animaux reproducteurs, et composée
de MM. Deschodt, Bieswal, Dominique Claudorez et Deberdt,
a rendu compte dans les termes suivants et par l'organe de
M. Bieswal, des mesures prises, des résultats obtenus, des
recettes faites et des dépenses effectuées à l'occasion des solennités agricoles organisées à Hazebrouck, en septembre dernier.

« Messieurs,

» La quatrième exposition agricole du département du Nord

» et le concours départemental d'animaux reproducteurs ont eu
» lieu à Hazebrouck, du 8 au 18 septembre 1859. La société
» d'agriculture, aux soins de laquelle la direction de ces solen-
» nités agricoles avait été confiée, trouva dans l'administration
» municipale un concours dévoué, qui applanit pour elle les
» difficultés inhérentes à toute organisation, difficultés d'autant
» plus grandes, que l'on n'avait guères pour les résoudre que
» beaucoup de bonne volonté. La tâche qui nous était dévolue
» nous inspirait la crainte de ne pouvoir atteindre le but que
» nous nous étions proposé. Cependant comme le disait notre
» honorable président M. Cappon : « Placés dans des conditions
» beaucoup moins favorables que les comices et sociétés de
» Valenciennes, Lille et Douai, depuis longtemps familiarisés
» avec les solennités de ce genre, nous n'avons pas cherché
» à nous soustraire à l'honneur qui nous incombait. » Quel-
» ques membres du bureau du comice agricole de Lille
» voulurent bien suppléer à notre inexpérience, et nous aider
» de leurs conseils; nous devons leur exprimer ici toute notre
» reconnaissance.

» La commission désignée, avait d'abord à rechercher un
» local convenable, où elle pût commodément réunir tous les
» objets qu'on devait lui confier. M. l'abbé Dehaene, principal
» du collége communal, mit très-gracieusement à sa disposition,
» le vaste établissement qu'il dirige : c'est dans l'enceinte de
» la cour animée déjà par les collections zootechniques, dans les
» diverses salles d'étude et dans le réfectoire, que nous avons
» pu admirer les produits agricoles d'un département dont les
» richesses en ce genre, ne le cèdent à celles d'aucun autre. »

» Le jardin de la sous-préfecture, que nous offrit M. de
» Monnecove, sous-préfet de l'arrondissement d'Hazebrouck et
» président du comité d'organisation, servit à grouper les fleurs
» et les arbustes, de manière à faire valoir les diverses col-
» lections qui nous avaient été présentées; une large brèche
» faite au mur de clôture, qui sépare ce jardin de la cour du
» collége, ouvrit un accès facile, et l'ensemble de notre expo-
» sition se trouva complété par une promenade agréable.

» La majeure partie des machines agricoles avait été exposée dans
» la cour du collége; d'autres cependant, telles que les batteuses
» locomobiles et à manège, que leurs dimensions rendaient plus
» encombrantes, furent placées au pourtour de l'église et purent
» y manœuvrer avec la plus grande facilité.

» La cour de l'abattoir, où d'ordinaire se tient le concours
» d'animaux reproducteurs, fut jugée insuffisante pour servir
» à une exposition départementale. La Grand'Place parut réunir
» toutes les conditions que l'on recherchait, de vastes enceintes

» y furent formées, et l'on n'eut plus aucun encombrement
» à craindre.

   » Votre commission n'oubliera pas, Messieurs, d'exprimer sa
» gratitude à M. Soudant, agent-voyer principal d'arrondissement
» à Hazebrouck, dont le zèle et le talent ont puissamment
» contribué à l'organisation et à l'embellissement d'une fête à
» laquelle il a bien voulu prêter un concours tout désintéressé,
» à MM. Warein, Lambert Claudorez et Dominique Claudorez,
» qui mirent à sa disposition les terrains nécessaires pour les
» concours de drainage, de labourage et pour les essais des
» machines agricoles et des instruments aratoires.

   » Les résultats de ces solennités agricoles n'auront pas été
» perdus pour notre arrondissement, ayons en la ferme confiance,
» nos cultivateurs familiarisés avec ce genre d'exhibition, tien-
» dront à prouver, lors des prochaines expositions, que l'agri-
» culture, dans la Flandre, justifie pleinement la réputation
» dont elle jouit, et nous n'aurons plus à regretter un aussi
» grand nombre d'abstentions.

   » Les rapports des diverses sections de votre programme vous
» sont connus, Messieurs, nous nous bornerons donc à mettre
» sous vos yeux un résumé succinct, qui vous indiquera le nom-
» bre des exposants et celui des produits exposés dans chaque
» catégorie :

1.re Section. — Culture.

CÉRÉALES.

Nombre d'exposants.	Nombre de produits exposés.
53	240

PLANTES ET RACINES FOURRAGÈRES.

52	148

PLANTES OLÉAGINEUSES, TEXTILES, ÉCONOMIQUES,
TINCTORIALES, MÉDICINALES, ETC.

92	192

2.e Section. — Horticulture.

PLANTES POTAGÈRES.

63	166

PLANTES POTAGÈRES A FRUITS COMESTIBLES,
FRUITS, FLEURS ET ARBORICULTURE.

53	83

3.e Section. — Zootechnie.

OISEAUX DOMESTIQUES, ABEILLES.

34	48 lots.
——	——
347	877

Nombre d'exposants.		Nombre de produits exposés.
347	_Reports._	877
	4.ᵉ Section. — Amendements et engrais, industries et arts agricoles.	
	AMENDEMENTS ET ENGRAIS.	
6		38
	BEURRE, FROMAGES, ETC.	
17		17
	INDUSTRIES ET ARTS AGRICOLES.	
29		46
	5.ᵉ Section. — Instrumens aratoires et machines agricoles.	
27		44
	6.ᵉ Section. — Labourage et drainage.	
	LABOURAGE.	
	Charrues attelées de deux chevaux.	
11		
	Charrues attelées de deux vaches.	
3		
	DRAINAGE.	
	Brigades.	
10		
	Concours départemental d'animaux reproducteurs.	
	RACE CHEVALINE.	
	Étalons de trois ans et au-dessus.	
9		16
	Juments.	
8		9
	Poulains.	
12		14
	RACE BOVINE. — (Race flamande.)	
	Taureaux d'un an à dix-huit mois.	
17		22
	Taureaux de deux ans et au-dessus.	
9		17
	Taureaux de races diverses sans condition d'âge.	
5		5
	Génisses n'ayant que deux dents dites de remplacement.	
17		22
527		1,121

Nombre d'exposants.		Nombre de produits exposés.
527	Reports.	1,121
	Vaches laitières.	
20		28
	RACE OVINE.	
	Béliers de race indigène ou étrangère.	
11		20
	RACE PORCINE.	
	Verrats.	
16		18
574		1,187

« Il nous reste, Messieurs, à vous faire connaître la situation
» financière de notre société d'agriculture : les recettes s'élè-
» vent à la somme de 9,980 fr. et se répartissent de la
» manière suivante :

		fr.	c.
»	Produit des cotisations.	280	
»	Allocation du gouvernement sans destination. .	300	
»	Id. département avec destination . .	5,500	
»	Id. sans destination. . .	1,900	
»	Subvention de la ville d'Hazebrouck . . .	2,000	
		9,980	

» Les dépenses s'élèvent à pareille somme et sont ainsi réparties :

		fr.	c.
»	Médailles, instruments d'honneur, diplômes, etc.	2,787	76
»	Primes	3,180	» »
»	Impressions.	1,104	» »
»	Frais matériels du concours agricole. . . .	2,000	» »
»	Frais de bureau.	400	» »
»	Frais du concours départemental d'animaux reproducteurs	2,308	24
»	Id. pour la distribution des récompenses.		
		9,980	» »

» Comme vous le voyez, Messieurs, notre situation financière
» est des plus satisfaisantes ; les découverts, qui prennent
» surtout leur source dans les tâtonnements de l'inexpérience,
» sont évités, et nous pouvons nous préparer avec confiance
» à des luttes prochaines.
» Afin de témoigner sa gratitude aux personnes qui lui ont
» prêté leur concours dans l'organisation de ces solennités
» agricoles, et pour en perpétuer le souvenir, la commission
» a l'honneur de vous proposer de décerner :

» La médaille d'argent, grand module, à **M.** Dureau, secré-
» taire-général de la Préfecture du Nord.
» La médaille de vermeil à **M.** Soudant, agent-voyer principal
» d'arrondissement, à Hazebrouck, architecte de l'exposition.
» La médaille de bronze à **M.** l'abbé Dehaene, principal du
» collége communal d'Hazebrouck;
» A Messieurs les membres du jury central et à Messieurs
» les membres du comité d'organisation. »

La société d'agriculture d'Hazebrouck, à l'unanimité, ap-
prouve le texte et les conclusions du compte-rendu qui lui est
soumis et en vote l'impression et la publication, conformément
à l'art. 17 des dispositions réglementaires de la 4.ᵉ exposition
agricole du département du Nord.

Elle décerne, en outre, la médaille d'argent, moyen module,
à **M.** G. Plancke, secrétaire rédacteur du comité d'organisation,
pour la clarté et la méthode qu'il a su faire régner dans les
nombreuses écritures auxquelles toutes les phases de l'exposition
ont donné lieu.

ANNEXES

ANNEXES.

OPÉRATIONS DU JURY CENTRAL.

Section de Culture.

Extrait du rapport présenté au jury central par M. Heddebault, au nom de la section de culture.

On sait qu'en France, dans une période de 49 années, les premières de ce siècle, 16 moissons de blé seulement ont donné une récolte suffisante à la subsistance des habitants, 13 ont laissé un manquant de moins d'une journée d'alimentation ; pendant 20 ans l'importation des blés étrangers a fourni à une moyenne de 7 jours de subsistance de toute la population. En résumé, nous avons été tributaires de l'étranger, de 1815 à 1847, de 40 millions d'hectolitres de blé, valant ensemble plus d'un milliard. Et cependant il ne faut pas croire que l'exportation des grains en farine ait établi la moindre compensation avec l'importation étrangère, puisqu'elle ne dépasse pas le chiffre de 100,000 hectolitres en moyenne annuelle pendant ces 33 années. Néanmoins quelle que soit l'importance des chiffres de ce déficit, il ne faudrait à l'agriculture française que bien peu d'efforts pour prévenir la nécessité d'acheter à l'étranger des blés pour notre consommation. Nous cultivons, d'après le dernier recensement, 5,586,787 hectares de blé, rendant en moyenne 12 hectolitres 24 litres à l'hectare, ou en totalité 68,382,272 hectolitres; si ce faible chiffre de la moyenne générale en France, pouvait s'élever seulement de 22 litres à l'hectare, ou environ de 2 litres à notre mesure locale, nous serions affranchis de toute importation de blés étrangers. Ce faible excédant semble bien facile à obtenir, quand le département du Nord, d'après l'important travail de Loiset sur la production agricole, démontre que notre riche agriculture accuse un chiffre de 12, 80 pour un, dans la multiplication du froment, et un rendement moyen de 22 hectolitres 11 litres à l'hectare.

Certains agriculteurs pensent que pour atteindre ce but glorieux — produire assez de pain — il serait préférable de vulgariser les bons principes : nourrir plus de bétail, créer plus de fumier, faire acte de foi de cet adage agricole de Jacques Bujault : « si tu veux des blés, fais des prés. » Cependant, Messieurs, la découverte des gisements inépuisables de l'or le plus pur vaudrait-elle la trouvaille d'une poignée de blé nouveau donnant quelques grains de plus à l'épi? Oserait-on considérer ces recherches comme vaines? Quels que soient nos doutes, laissons les chercheurs à l'œuvre, encourageons les spéculations des observateurs, quand l'histoire dit que la multiplication de la semence de froment, en Babylonie, donnait jusqu'à 300 fois le grain semé, et alors que quelques litres de grain seulement ajoutés au rendement de nos blés nous apporteraient la richesse et l'abondance, et feraient disparaître à jamais la disette et la famine, ces causes certaines de perturbations et de misères sociales.

La section admettant ces considérations, propose d'accorder à M. Porquet, une médaille de vermeil, pour l'ensemble de son exposition de produits agricoles et l'importation d'une collection de types nouveaux de froment.

MM. Vandercolme, à Dunkerque, Gouvion-Deroy, à Denain, Fiévet, à Masny, Proyaert, à Hendecourt-lès-Cagnicourt, continuent dans nos concours l'œuvre de démonstration qu'ils professent avec succès depuis plusieurs années, la section a suivi avec soin et plaisir les expériences agronomiques de ces cultivateurs émérites, que l'avilissement du prix des grains n'a point arrêtés dans leurs solides études sur la production des blés.

M. Vandercolme a exposé le Prince-Albert, qui lui a donné dans la dernière récolte un rendement de 50 hectolitres à l'hectare. Ce résultat n'a pas été consacré par plusieurs années d'expérience, mais tout porte à croire que le Prince-Albert se maintiendra en tête des blés productifs.

Le blé d'Australie, importé de Londres à Rexpoëde (arrondissement de Dunkerque), lors de la grande exposition anglaise, a toujours depuis lors rapporté 45 hectolitres à l'hectare, et l'échantillon que nous avons examiné a été cueilli dans une parcelle de 65 ares, qui rapportera 31 hectolitres. Nous avons cultivé cette variété, que nous avons obtenue de M. Vandercolme, et nous pouvons attester la générosité de son rendement.

Le blé Doniol est une nouveauté dans le Nord, c'est un beau blé blanc. Il n'a pas versé, malgré la hauteur de ses tiges atteignant deux mètres.

Le blé Géant de M. de la Tréhonnais, envoyé d'Angleterre à Rexpoëde, comme une variété hors ligne, a été semé trop tard; on ne peut rien préjuger encore de cette nouvelle acquisition.

M. Gouvion-Deroy, à Denain, dont le nom est assez connu et inspire une entière confiance, a exposé le blé Hyckling cultivé depuis 16 ans avec succès, en renouvelant souvent la semence tirée d'Angleterre. Dans les années favorables, le Hyckling a donné jusqu'à 52 hectolitres à l'hectare; en moyenne il fournit un chiffre de 36 à 40 hectolitres. Ce blé craint les sécheresses et les vents arides qui succèdent quelquefois aux gelées dans nos climats; il pèse ordinairement deux kilogrammes de moins que les qualités supérieures, et se vend 1 fr. 25 c. à 1 fr. 50 l'hectolitre en dessous des grains de premier choix

Le blé Haight prolific, à grain gris, à paille abondante, donne de superbes épis; il talle peu et doit être semé dru; il est récolté depuis quatre ans.

De l'avis de M. Gouvion-Deroy, le blé blanc d'Essex, donnant en moyenne 36 à 40 hectolitres, est de très-bonne qualité; il pèse ordinairement 80 kilogrammes l'hectolitre et doit être placé en tête des céréales.

M. Gouvion-Deroy s'accorde encore à dire, avec les plus intelligents fermiers, que le blé blanc, dit blanzé de Merville ou d'Armentières, est incontestablement supérieur, mais que son produit est presque toujours inférieur à celui des blés exotiques.

M. Fiévet a complètement délaissé l'ensemencement des blés indigènes. Selon cet agriculteur, notre blé blanzé, quoique fort recherché par la meunerie, ne rend pas assez, nos blés barbus sont de qualité inférieure. M. Fiévet ne cultive que des variétés d'origine étrangère, en accordant la préférence à certaines d'entr'elles suivant les circonstances; quand le blé est à vil prix, il préfère semer le blé blanc d'Essex, équivalant presque au blanzé en qualité, et supérieur en quantité, paille et grain ; lorsque le froment est cher, il sème la variété maigh watt prolific à graines jaunes très-volumineuses et dont la paille raide permet de fortes fumures. Selon M. Fiévet, le maigh watt prolific, excité par de généreux engrais, acquiert un rendement énorme.

Les variétés Hyckling et Spalding sont aussi en très-haute estime dans l'arrondissement de Douai, où ces grains dorés, que nous connaissons avantageusement déjà depuis quelque temps, sont préconisés comme une excellente marchandise.

M. Proyart recommande la culture du blé blanc d'Essex, qui a rapporté, dans son exploitation, en 1859, 37 hectolitres 50 litres à l'hectare.

Le blé Velours exige un sol riche, son produit est abondant; c'est un des blés anglais les plus généreux; il résiste bien à la verse, mais sa paille est courte; ce grave inconvénient a fait rejeter souvent de nos assolements ce genre d'emblavure. Le blé Velours a donné 39 hectolitres à l'hectare.

Le blé Chiddam, au grain court, replet, rutilant, un des plus riches en matière farineuse, le blé rouge d'Ecosse d'un battage difficile, le blé doré à épis roux ou Spalding sont les principales variétés recommandées ensuite par M. Proyart.

Cet honorable cultivateur, dont nous avons eu souvent à apprécier les efforts dans la voie du progrès agricole, se plaint à juste titre de la confusion qui règne dans la dénomination des diverses variétés de blés. Nous souhaitons, comme M. Proyart, que quelqu'agronome bien inspiré s'occupe de la monographie des blés, et que les sociétés et comices d'agriculture inscrivent cette intéressante question à l'ordre du jour de leurs travaux.

Des médailles de vermeil sont accordées à MM. Vandercolme, Couvion-Deroy, Fiévet et Proyart, pour leurs expérimentations et les beaux échantillons de leurs cultures remarquables.

La collection de M. Braquaval a été aussi l'objet d'un sérieux examen; le jury a regretté de retrouver sur ces nombreuses espèces de blés exotiques des traces manifestes d'hybridation.

BLÉS BLANZÉS DU PAYS.

L'exposition de ces blés offrait le plus grand intérêt à Hazebrouck, dont l'arrondissement livre chaque année des blés de semence incomparables.

On connait la réputation des types reproducteurs récoltés dans plusieurs cantons de l'arrondissement d'Hazebrouck. On sait tous les soins spéciaux que le laboureur flamand apporte au choix des graines qu'il doit confier à la terre; il est très-probable que c'est là une des causes les plus puissantes des étonnants succès réalisés dans les riches plaines du Nord, où la multiplication des graines atteint un chiffre double de la moyenne générale en France.

Quelques agriculteurs d'élite savent conserver la pureté de leurs blés de reproduction sans recourir à des importations fréquemment renouvelées. Ce résultat est possible avec d'intelligentes et minutieuses précautions que quelques privilégiés seulement sont à même d'accomplir, mais tous les fermiers sont convaincus des profits considérables qu'ils retirent du renouvellement des semences. Il est certain que ces avantages seraient plus sensibles encore, si au renouvellement venaient s'ajouter les précautions signalées de triages scrupuleux et plusieurs fois répétés, pour fixer le choix des grains reproducteurs.

Une autre amélioration à signaler ici serait l'emploi des semoirs usités si avantageusement dans quelques fermes, depuis plus de 30 ans. A la volée, on sème en France, en moyenne, deux hectolitres cinq litres à l'hectare ou 11,453,913 hectolitres. Le semoir réaliserait une économie de 50 0/0 de semence ou 5,750,000 hectolitres de grain coûtant chaque année 100,000,000 de francs.

Nous citerons M. Rouhart à Estaires et M. Potier, Auguste, à Merville, parmi les producteurs de blés blanzés de qualité supérieure et de bonne origine.

BLÉS BARBUS DU PAYS.

Les blés barbus du pays sont généralement en défaveur; nous concevons cette disgrâce en ces moments d'abondance. L'infériorité de ce produit comparativement aux blés d'importation moderne est d'ailleurs manifeste et d'une évidence reconnue.

BLÉS D'ESPÈCES OU VARIÉTÉS DIVERSES.

Parmi les blés d'autres espèces ou variétés admises plus ou moins récemment dans les cultures, nous avons remarqué en dehors des collections déjà signalées une gerbe de lord Ducy, exposée par M. Claudorez, Lambert, à Morbecque. C'est une belle variété à épis raz d'un excellent rapport en paille et en grain.

SEIGLE.

Les seigles n'ont qu'une importance médiocre dans nos assolements. Ils n'occupent que 3 0/0 de l'espace consacré au labourage dans le Nord.

ORGE D'HIVER, SCOURGEON, OU SUCRION.

L'orge d'hiver ou scourgeon n'offrait que quelques rares échantillons d'assez minime importance en comparaison de l'énorme quantité de cette graminée employée à la fabrication de la bière dans le département, où l'on brasse annuellement 1,700,000 hectolitres de cette boisson. Cette culture néanmoins y perd de son extension, mais il ne faut pas attribuer ce fait à la modification des mœurs locales, car la consommation de la bière ne fait que s'accroître ; mais les nouvelles voies de communication créent sur nos marchés la concurrence des scourgeons de la Loire, et des orges que la Bretagne expédie en abondance.

AVOINES.

Les avoines les plus recommandables du pays viennent de Bourbourg et sont exposées par M. Porquet. M. Seingier, à Steenwerck, occupe aussi un rang élevé parmi les exposants de cette catégorie.

PLANTES FOURRAGÈRES.

Parmi les plantes fourragères de culture ordinaire, nous ne trouvons qu'une plante bien digne de mention spéciale : c'est le Ray-Grass d'Italie, exposé par M. Vandercohne.

Voici le produit de cette graminée semée en septembre 1858, après blé :

1.re coupe	28	mai	8,909	kilogrammes de foin sec.	
2.^{e}	id.	7	juillet	4,090	»
3.^{e}	id.	20	août	1,190	»
Regain.			2,727	»	

Total.	16,916	kilogrammes à l'hectare.

Après chaque coupe on a répandu des urines équivalant à 113 k. de guano à l'hectare. Les bestiaux sont très-avides de Ray-Grass ; mêlé au trèfle il en augmente le rendement de 20 à 30 0/0. On le sème avec le plus grand succès dans les trèfles trop clairs, en l'enterrant avec un coup de herse ou de rateau.

Le ray-grass doit être coupé dès qu'il est en fleurs, autrement il perd ses qualités et n'est plus qu'un fourrage très-médiocre.

Nous engageons avec instance les cultivateurs à essayer la culture de cette nouvelle et généreuse plante fourragère

PLANTES OLÉAGINEUSES. — COLZA ET SES VARIÉTÉS.

La section accorde à M. Gruyelle, à Houplin, le 1.er prix de cette importante catégorie, pour l'essai de la culture du colza Parasol ou Parapluie, variété récemment importée et dont les produits sont plus abondants que ceux des espèces exposées par ses rivaux.

PLANTES TEXTILES. — LINS DE TOUTES CULTURES.

Cette partie de l'exposition était à la hauteur de la brillante réputation que la Flandre s'est acquise dans cette branche de l'industrie agricole.

Les lins se distinguent par la finesse et la longueur des

tiges, l'éclat de la matière soyeuse, la vigueur de la fibre textile, le prix et la qualité de la graine.

Le nombre des spécimens exposés aussi bien que le mérite inhérent à chacun de ces échantillons, a rendu long et difficile le choix de la section chargée de cet examen.

MM. Belle, à Bourbourg-Campagne, Lecat-Butin, à Bondues, ont enfin obtenu les honneurs de la prééminence et les félicitations de la section.

HOUBLONS.

On cite dans l'arrondissement d'Hazebrouck les houblons d'Eecke, de Pradelles, de Flêtre et de Boeschèpe.

MM. Deberdt, à Flêtre, et Villette, à Pradelles, ont été les lauréats de la pampre flamande.

TABACS.

Les tabacs de l'arrondissement de Lille, longtemps reconnus supérieurs, ne sont arrivés qu'en seconde ligne. La palme a été remportée par M. Charles, Pierre-Jean, à La Gorgue. La seconde médaille chaudement disputée par M. Desfossez, Henri, à Steenwerck, a été attribuée à M. Deswazières, à Bondues.

Les tabacs verts n'ont pu être suffisamment récompensés car ils n'ont pas subi toutes les phases de la préparation, cette opération délicate qui décide du mérite de la précieuse feuille. Néanmoins ces plantes, d'une végétation toute tropicale, ont puissamment captivé l'admiration des nombreux visiteurs.

BETTERAVES A SUCRE.

La betterave Saccharine « la plus riche conquête agricole des temps modernes » occupait, avec sa congénère, servant à l'alimentation du bétail, toute une salle parmi les nombreuses galeries affectées aux produits du sol.

On comprend aisément l'importance qui s'attache à l'obtention des récompenses assignées à la betterave, dont le domaine comprend les plus graves intérêts de la production locale.

Les savants industriels réunis à Hazebrouck se sont accordés à reconnaître la supériorité de la variété de betterave à sucre dite Toupie, aussi riche en principes saccharins que généreuse sous tous les rapports.

Le commerce de graines de betteraves est une affaire de confiance; vous connaissez, Messieurs, la juste réputation que s'est acquise M. Desprez, à Capelle, dans ce genre de production; la section a récompensé ces titres en accordant à M. Desprez le rappel des distinctions dont il s'est antérieurement montré digne.

M. Lepeuple, à Bersée, a obtenu le 1.er prix, cette année, pour sa collection de graines de betteraves à sucre. Nous sommes convaincus que cet honorable collègue suivra dignement les traces qui lui ont été enseignées.

Section d'Horticulture.

*Extrait du rapport présenté au jury central par M. Smagghe,
au nom de la section d'horticulture.*

Sur une estrade primitivement destinée à l'exposition des fleurs
et occupant le fond du réfectoire du collége, s'étalaient pêle-mêle
*les légumes proprement dits, les légumes racines, les plantes
potagères et à fruits comestibles.* Un savant désordre animait
ce fouillis; et l'œil, d'abord étonné, finissait par s'arrêter
complaisamment sur ces tresses ruisselantes d'oignons rouges
et blonds, sur ces cascades de pois et de haricots, et sur ces
potirons aux dimensions phénoménales.

Les légumes appartenant à la grande culture étaient représentés par des échantillons de pois et de haricots, parmi lesquels on a particulièrement distingué ceux exposés par MM.
Loridan, Claudorez, Lestavel et Delangre.

Dans la catégorie des légumes proprement dits, des récompenses ont été décernées à MM. Verstraet, Meurillon, Fagoo
et Lambrecht.

Les légumes verts, les salades et les fournitures ont fait
défaut.

L'exposition des pommes de terre a été l'une des plus
complètes. L'étude approfondie des diverses variétés d'un
produit est toujours intéressante, quand elle a pour but de
faire connaître les meilleures espèces; aussi les innombrables
échantillons soumis à l'examen de la section doivent-ils plutôt être
considérés comme ayant été les résultats de patientes recherches, que comme ayant fait l'objet de cultures spéciales.

Quoiqu'il en soit, les lauréats sont MM. Porquet, Debaecker,
Beutin, Loridan et Villette.

L'igname de la Chine, exposé par M. Fauvel, est proposé
par quelques-uns comme le successeur de la pomme de terre.
Cette plante, d'une culture facile, et qui possède d'incontes-
tables qualités féculentes, mérite une place dans nos jardins.

Le topinambour s'est introduit aussi dans l'exposition : il
sert exclusivement à la nourriture des animaux. Ses qualités
aqueuses le rendent dangereux quand il est donné en trop
forte quantité, et il a l'inconvénient de se reproduire obsti-
nément dans les champs où il a été cultivé.

Les plantes potagères à fruits comestibles étaient représentées
par quelques melons, citrouilles, courges, concombres et tomates,
auxquelles des récompenses ont été décernées plutôt à titre
d'encouragement et d'ornementation que pour le mérite des
produits exposés.

FRUITS.

L'exposition des fruits a été remarquable par les diverses collections provenant des jardins.

La collection exposée par M. le Baron de la Grange, de la Motte-aux-Bois, se distinguait par la variété des poires, pommes, pêches, fraises, mûres, nèfles, coings, raisins, de qualité supérieure et d'un choix parfait.

Le nombre et le mérite des fruits exposés a rendu facile le choix de la secion chargée de cet examen, qui a décerné la médaille de vermeil à M. le Baron de la Grange.

M. Henri Cleenewerck, propriétaire à Hazebrouck, a offert à l'attention des amateurs, une superbe collection de poires; la beauté de la forme et la grosseur des fruits témoignent d'un heureux choix de sujets, et des soins apportés à leur culture. Une médaille d'argent, grand module, lui a été accordée.

La collection de M. Théry, de Steenwerck, était uniquement composée de poires d'une variété innombrable.

Cet exposant paraît s'attacher à la quantité et à l'expérimentation de la nouveauté, au détriment de la qualité.

Nous devons une mention spéciale à MM. Wackernie, de Cassel, et Herry, de Bailleul, pour leurs remarquables collections de poires et de pommes.

Des médailles d'argent leur ont été accordées.

L'exposition des raisins présentait des grappes aux grains gros et serrés et dont la qualité succulente a tenté plus d'une bouche gourmande.

Mesdames Cortyl, de Caestre, et Chevalier, de Cassel, MM. Louis Vandewalle, d'Hazebrouck, et Delache, de St.-Omer, ont obtenu des médailles d'argent et de bronze pour leur exposition de beaux échantillons de raisins qui ont eu les honneurs du banquet.

FLEURS.

L'exposition des fleurs a été la plus visitée, sinon la plus intéressante. Le petit nombre d'exposants ne lui avait pas donné cependant l'importance que nous espérions. Hormis la remarquable collection de conifères de M. Delache, horticulteur distingué de St.-Omer, et les charmantes expositions de plantes fleuries de MM. Joets et De la Grange, le reste était peu digne d'attention et a soulevé les protestations de la section contre ces exhibitions inutiles de plantes sans valeur.

Les produits divers de la silviculture et de l'arboriculture ont fait défaut.

Section de Zootechnie.

Extrait d'un rapport de M. Margerin, présenté au jury central par M. Desurmont, au nom de la section de zootechnie.

————

L'exposition des oiseaux domestiques était remarquable par le nombre et la variété des espèces.

La section a distingué, en première ligne, la collection de M. le comte d'Hespel, tant à cause des variétés pures ou croisées entre-elles, que de la beauté des sujets. La collection de M. Porquet venait immédiatement après celle de M. le comte d'Hespel, et ne le cédait à la première qu'à cause de l'absence de la variété *Crèvecœur*

Passant aux espèces diverses exposées isolément, la section a, de prime abord, écarté les races *Cochinchinoise* et *Brahma-Poutra* pour les motifs suivans : Ces volatiles ont généralement peu d'ailes, et se défendent mal, dans la cour d'une ferme, contre les attaques des porcs, et même contre les autres coqs; ils sont exposés à tomber dans les mares où ils se noient, ou à être foulés aux pieds par les bestiaux. La viande de ces espèces est moins savoureuse et souvent dure et jaune. Les cochinchinoises sont, quoiqu'on en ait dit, de mauvaises pondeuses et les œufs sont petits. De plus, leur élevage est généralement difficile.

Parmi les autres variétés la section a particulièrement distingué les *Padoues dorés et argentés*, auxquels l'expérience reconnaît les qualités de ponte et d'engraissement. Quelques personnes font aux poules de cette espèce un grave reproche, celui de ne pas couver leurs œufs; mais on obvie facilement à cet inconvénient en choisissant d'autres couveuses.

Parmi les variétés de la race flamande, qui est éminemment rustique et apte à tous les services, la section a cru devoir primer la variété des poules noires.

Quelques volailles *Dorking* ont été présentées ainsi qu'un lot de Crèvecœur; la section n'a pas cru pouvoir leur décerner de médaille, les spécimens présentés n'étant pas d'une beauté suffisante.

Un seul et beau lot de dindons a été exposé : on se livre peu ici à l'élevage de cet oiseau de basse-cour.

Plusieurs lots de canards soit du pays, soit anglais, soit de l'espèce dite de Barbarie étaient soumis à l'appréciation de la section, qui a cru devoir porter son choix sur les canards blancs anglais de M. Peron.

M. Charton, de Wazemmes, a envoyé un travail sur des expériences simultanées faites par lui pour apprécier les aptitudes à la ponte des diverses races.

La section croit devoir proposer de lui décerner une médaille.

Il n'a pas été exposé de produits provenant de la couveuse artificielle.

Quant à l'apiculture, quelques ruches seulement avaient été envoyées; les appareils étaient ceux du pays et n'offraient rien de remarquable; cependant pour encourager cette industrie la section est d'avis d'accorder deux médailles.

Section des Amendements et Engrais, des Industries et des Arts agricoles.

Extrait du rapport présenté au jury central par M. Debaecker, au nom de la section des amendements et engrais, des industries et des arts agricoles.

Parmi les produits admis à l'exposition et sur lesquels la 4.ᵉ section du jury central a été appelée à donner son avis, le beurre était à juste titre celui qui méritait la plus scrupuleuse attention. La différence entre les divers échantillons présentés était tellement faible que la section a cru devoir s'adjoindre des personnes compétentes pour pouvoir en établir la distinction. M.ᵐᵉ veuve Acke, cultivatrice à Borre, M. Deroo, cultivateur à Morbecque, M. Loridan, cultivateur à St.-Silvestre-Cappel, ont prouvé une fois de plus que le beurre de Flandre jouit d'une réputation justement acquise.

Parmi les huiles diverses produites à l'exposition, un seul échantillon mérite d'être cité; c'est l'huile d'œillette blanche, de M. Deberdt, fabricant à Flêtre.

Divers exposants de tourteaux de graines oléagineuses ont soumis leurs produits à notre appréciation; la section croit devoir demander une récompense pour M. Maerten-Debruyne, à Hazebrouck.

Les farines et les fleurs de farine ne sont représentées que par un seul exposant, M. Cattoir, farinier à Hazebrouck; la 4.ᵉ section demande pour cet industriel une médaille d'argent, en raison de l'excellence de ses produits; il en est de même pour M. Frappé-Leloir, de la Magdeleine-lez-Lille, pour ses amidons de céréales. MM. Mirlandt, de Pecq, pour sa fabrication de fruits secs, et Stragier et Ghesquière, pour leur chicorée café, nous paraissent dignes de médailles de bronze.

La section a été d'avis de décerner une médaille en vermeil

à **M.** Houvenaghel-Smagghe, brasseur à Hazebrouck, pour la supériorité de la bière par lui exposée.

Nous avons dû examiner plusieurs lots de lins préparés d'après les divers modes de rouissage, de teillage et de peignage. En première ligne nous citons M. Scrive, de Lille, pour ses lins rouis et teillés par procédés manufacturiers : ensuite viennent MM. Porquet, de Bourbourg, pour lins préparés d'après des procédés divers, Lecat-Butin, de Bondues et Dumortier-Cocheteur, de Forest.

Le tableau synoptique et descriptif des matières fertilisantes inorganiques ou engrais minéraux exposé par M. Medard, secrétaire du comice agricole de Valenciennes, a été apprécié par tous les hommes compétens, et la 4.ᵉ section du jury central sera heureuse de voir décerner une récompense justement méritée au savant travail de M. Medard.

Section des Instruments aratoires et des Machines agricoles.

Extrait du rapport présenté au jury central par M. Tardieu, au nom de la section des instruments aratoires et des machines agricoles.

La section a été satisfaite du grand nombre de machines et d'intruments présentés au concours; conformément au programme qui lui avait été tracé, elle les a tous jugés après essai.

Voici, en suivant la classification indiquée au programme, les récompenses qu'elle propose de décerner :

1.ᵒ Charrues, brabants, araires, extirpateurs, scarificateurs, binots, herses, semoirs, etc.

M. Demesmay a exposé une charrue forte et une fouilleuse dont les travaux ont été reconnus excellents. Ces instruments sont tous deux construits en fer et bien agencés. Ils ont opéré dans un terrain assez dur et avec deux chevaux seulement. Lors d'un premier travail de la charrue on a constaté une profondeur de 20 centimètres en moyenne, dans une seconde opération sur les mêmes sillons le soc a atteint une profondeur totale de 35 centimètres. La charrue est munie, en avant du coutre, d'une rasette qu'on peut enlever à volonté. La section propose de récompenser l'exposant de ces deux instruments par une médaille de vermeil.

Les brabants en fer de M. Empis lui valent, par leur bonne construction, une médaille de bronze.

M. Six-Spillard a mérité aussi une médaille de bronze pour

la construction de ses charrues sous-sol et extirpateurs en bois et fer.

Nous proposons de décerner une médaille de bronze à **M.** Porquet, de Bourbourg, pour son rayonneur.

Plusieurs charrues-semoirs, propres à semer fèves et pois, ont été exposées; elles étaient toutes fondées sur ce principe que la distribution de la graine se fait au moyen du mouvement de rotation imprimé à un barrillet muni, sur son pourtour, de logements propres à recevoir la graine, par des dents en fer réparties sur sa circonférence et s'enfichant dans le sol où elles trouvent successivement un point d'appui. C'est là une idée très-ingénieuse qui est due, à ce qu'il paraît, à M. Quiret. Nous avons été heureux de trouver que parmi les concurrents qui s'étaient emparés de son idée, **M.** Quiret, dans la charrue-semoir qu'il a exposée, se plaçait encore au premier rang par la marche régulière de son instrument. **M.** Quiret a en effet exécuté un semage de pois par bouquets qui, on peut le dire, nous a émerveillés. Nous avons jugé **M.** Quiret digne d'une médaille de vermeil.

M. Mahieu a exposé un grand semoir qui répand en même temps la graine et l'engrais. La distribution de la graine et celle de l'engrais se font d'une manière particulière. La graine est versée dans un bac en zinc percé de trous à sa partie inférieure et divisée en petites trémies. On peut faire varier les dimensions des trous au moyen d'un tiroir qui ferme plus ou moins les ouvertures. Dans un bac en zinc voisin du premier se trouve la semence. Pour que l'écoulement de la graine et de l'engrais se fasse d'une manière continue et régulière, il règne le long du premier bac un arbre en fer sur lequel sont fixées de petites mains également en fer se mouvant d'un mouvement de va et vient dans les plans verticaux qui passent par les ouvertures; au lieu de ces mains, pour le second bac où la matière n'est plus de même forme, pour ainsi dire, ce sont des lames horizontales qui remuent l'engrais. Ce mouvement de va et vient est donné par les roues, une pour la semence et l'autre pour l'engrais, au moyen de toquets placés à l'extérieur de la jante, toquets qui entraînent un moutonnet à ressort à boudin articulé aux arbres par un petit levier. Quand on tourne l'instrument sur les champs ou qu'on marche sur les routes, la graine ou l'engrais tomberaient encore par ce système. Pour les en empêcher, deux tiges, à portée de l'ouvrier, viennent fermer des tiroirs qui bouchent l'entrée des traces.

Cet instrument est désagréable par le bruit qu'il occasionne, mais c'est là un inconvénient dont il serait puéril de tenir compte et, à cause du bon travail qu'il a exécuté, de son travail double, puisqu'il fait à la fois deux opérations sans trop de complications, la section propose de donner à M. Mahieu une médaille de vermeil.

M. Prévost a exposé un semoir monté sur trois roues qui a bien fonctionné et avec lequel on peut aussi semer sept routes. Le mouvement est donné à un arbre muni d'augets distributeurs versant la graine dans les conduits, au moyen d'un engrenage placé sur la roue de devant montée sur un cercle mobile dans quatre galets, d'un pignon, d'une petite poulie et d'une chaînette. Les essieux de roues de derrière sont coudés et munis de mains qui permettent au conducteur de changer leur inclinaison par rapport à un plan vertical passant par l'axe de l'appareil. On peut ainsi diriger très-facilement l'instrument. Comme nous l'avons dit plus haut cet instrument fonctionne bien et il est très-employé dans l'arrondissement d'Hazebrouck. La section a été d'avis de récompenser son inventeur par une médaille d'argent, grand module.

2.° Faux-sapes, piquets, faucilles, fourches, fourchets, râteaux.

Le seul instrument qui ait attiré l'attention de la commission, dans cette catégorie, est le râteau à cheval de MM. Botz-Laconduite et Leroy. Nous n'avons pu faire fonctionner convenablement cet instrument ni lui donner un travail approprié à son usage, mais plusieurs de nos collègues qui s'en servent ont été unanimes pour attester son utilité et sa bonne disposition. La section propose de décerner à son constructeur une médaille de vermeil.

3.° Chariots, charrettes, tombereaux, baigneaux et autres véhicules.

M. Beheydt, de Bailleul, recevrait une médaille de bronze pour son frein à crémaillère appliqué à un chariot. Ce frein, placé à la main du conducteur, est assez puissant et très-commode.

4.° Machines à battre, à égrener, à vanner, à nettoyer, hache-paille, coupe-racines, moulins à pulvériser les tourteaux, à monder, à concasser ou à moudre.

Il y avait dans cette catégorie un assez grand nombre d'instruments.

M. Debièvre, de Lille, a exposé plusieurs machines à battre; celle qui lui a valu la médaille de vermeil est celle qui, à une construction soignée et à un bon travail, joint l'avantage d'être montée sur quatre roues et de pouvoir être transportée d'une ferme à l'autre.

L'exposant lui a donné le mouvement par une machine locomobile qui a aussi attiré notre attention, sa construction est soignée, sa consommation de charbon assez faible; c'est un moteur qui, par ces raisons, doit être propagé dans les campagnes. La section est d'avis de décerner à M. Debièvre une médaille d'argent, grand module, pour récompenser les efforts qu'il a faits dans cette voie.

M. Halouchery, de Merville, a exposé le hâche-paille concasseur de grains et broyeur de tourteaux réunis ; chacun de ces outils peut marcher séparément. L'installation et la construction sont bien entendues et le travail fourni par chacun ensemble ou séparément a été très-satisfaisant. La section propose de récompenser M. Halouchery par une médaille d'argent, grand module.

5.° Outils, instruments et machines destinés à la préparation du lin.

Un seul concurrent s'est présenté ; il a exposé une machine à teiller le lin. L'ouvrier donne au moyen d'une pédale le mouvement à une roue à six palettes de 1 mètre 50 cent. de diamètre environ. Les palettes en passant près d'une planche verticale rencontrent le lin que présente l'ouvrier et le teillent ainsi. De l'autre côté se trouve une autre planche qui permet de travailler à deux ou de terminer là le travail. Cette invention très-économique et opérant assez bien, a été distinguée par une médaille d'argent, petit module, décernée à M. Porquet, de Bourbourg.

6.° Mécanismes propres à la fabrication des tuyaux de drainage.

Plusieurs machines propres à la fabrication des tuyaux de drainage ont été exposées. Celle qui a donné les meilleurs résultats, quoique ne présentant de particulier qu'une bonne construction, est celle de MM. Massart et Guermonprez qui seraient récompensés par une médaille d'argent, grand module. Cette machine a fabriqué aussi avec succès, devant nous, des briques moulurées et des pannes ondulées.

7.° Instruments et ustensiles destinés à la confection du beurre, du fromage, etc.

M. Blin, de Lille, mérite une médaille de bronze pour sa baratte à axe horizontal, système Fonju. Cet instrument a donné un beurre convenablement battu, en moins d'une demi-heure de travail.

8.° Outillages agricoles variés non repris ci-dessus.

M. Carlier, de Steenbecque, a exposé un rebouloir, un semoir à bras, une rasette à betteraves, une charrue-semoir système Quiret, un sondeur extirpateur et une herse. M. Carlier se sert de tous ces instruments dans sa culture, et la section les a trouvés excellents pour les travaux qu'il leur demande, mais elle ne pouvait se placer ainsi à un point de vue particulier et elle n'a pu récompenser M. Carlier que par une médaille d'argent, petit module.

9.° Instruments à l'usage de l'horticulture maraîchère et de l'arboriculture

Comme instruments d'horticulture maraîchère la section propose de récompenser d'une médaille de vermeil la pompe de jardin de M. Delpy, de Douai. Par les combinaisons heureuses de ce constructeur, les clapets de la pompe sont à jour et très-faciles à réparer et à remplacer, même sans qu'il soit nécessaire de démonter le corps de pompe ; la soupape du piston est supprimée et le piston en est plus simple et plus solide, enfin la pompe contient toujours une quantité d'eau suffisante pour l'empêcher de se désamorcer. Les prix des différentes pompes exposées nous ont paru aussi très-modérés.

Enfin, quoique le programme ne comportât pas de machines à moissonner, MM. Botz-Laconduite et Leroy ont exposé une moissonneuse que nous avons regretté de ne pouvoir expérimenter convenablement. Cependant l'essai fait sur des trèfles repoussés a fait prévoir des résultats satisfaisants. Le mouvement des couteaux est surtout très-ingénieux. La section est d'avis de décerner, à titre d'encouragement, une médaille d'argent, grand module, à MM. Botz-Laconduite et Leroy, pour cette moissonneuse.

Section du concours de Labourage et de Drainage.

Extrait du rapport présenté au jury central par M. Vercoustre, au nom de la section du concours de labourage et de drainage.

La section avait à décerner deux prix pour les charrues attelées de deux chevaux, et deux prix pour les charrues attelées de bœufs ou de vaches.

Seize concurrents se sont trouvés en présence : six amenaient des charrues à roues ou grandes charrues attelées de deux chevaux, les dix autres devaient concourir avec des charrues, dites brabants, dont sept étaient attelées de deux chevaux et trois de deux vaches.

Le travail s'est fait avec précision et régularité et il a fallu de la part de la section une grande attention pour distinguer les plus méritants.

Elle a accordé de préférence la première prime aux charrues dites brabants, qu'elle croit devoir encourager, et elle a réservé la seconde prime aux charrues à roues, en outre elle propose au jury central de mettre le nombre des médailles en rapport avec le nombre des ouvriers intelligents qui se sont distingués dans cette épreuve.

Le travail des charrues attelées de vaches, quoique plus lent, s'est fait avec assez de perfection pour avoir attiré l'attention de la section, elle croit devoir encourager ce mode d'attelage qui n'est destiné, du reste, qu'à rendre des services à la toute petite culture.

Les récompenses accordées consistent en deux médailles d'argent accompagnées de primes de 50 fr., et en sept médailles de bronze, dont deux accompagnées de primes de 25 fr.

Dix brigades d'ouvriers draineurs se sont présentées au concours, ces habiles ouvriers ont ouvert une tranchée de 48 mètres à une profondeur de un mètre, ont posé les tuyaux et les ont recouverts avec habileté et célérité ; les points de départ et d'arrivée étaient indiqués, et généralement les ouvriers se sont peu écartés des données de la section.

Trois primes de 75, de 50 et de 25 francs, étaient à décerner, mais un atelier d'ouvriers dirigé par le sieur Alloo, Romain, de Rexpoëde, s'étant mis hors concours par un nombre insuffisant d'ouvriers, la section a cru devoir proposer au jury central de lui accorder, pour son travail excellent et d'une perfection peu ordinaire, une médaille spéciale en argent.

Concours d'Animaux reproducteurs.

*Extrait du rapport présenté au jury spécial
par M. Lobbedez.*

Le concours départemental d'animaux reproducteurs, annexé à la 4.ᵉ exposition agricole du département du Nord, a eu lieu à Hazebrouck, le 17 septembre dernier, au milieu d'une affluence considérable d'agriculteurs venus des divers points des départements du Nord et du Pas-de-Calais.

Une vaste enceinte avait été établie sur la Grande Place, pour disposer et classer les différentes races.

Les animaux reproducteurs s'y trouvaient en grand nombre; les plus beaux types étaient incontestablement ceux de la race bovine flamande, qui se distingue par sa belle conformation, la beauté de sa robe et le développement (chez les femelles) des glandes mammaires. Cette race s'élève principalement dans les arrondissements de Dunkerque et d'Hazebrouck, et elle forme une des branches les plus importantes de l'industrie agricole de ces deux arrondissements.

Les races diverses étaient représentées par un nombre de taureaux beaucoup inférieur, nous y avons remarqué quelques sujets de race anglaise (Durham) qui excellaient par la beauté de leurs formes et par leur grande précocité.

Les représentants de la race chevaline (étalons, juments et poulains) étaient assez nombreux ; après un examen attentif, nous avons remarqué que tous les étalons de l'industrie privée étaient de la race boulonnaise, qui se distingue par sa bonne conformation et le grand développement du système musculaire.

Les produits exposés provenant du croisement de cette race avec notre jument flamande en prouvent les bons résultats.

Quelques étalons départementaux ont été amenés sur le terrain du concours; M. le Préfet du Nord, sur la demande de la société d'agriculture d'Hazebrouck, avait autorisé l'exhibition de tous les étalons appartenant au département, à condition qu'ils ne concourraient pas pour les récompenses. Le jury spécial a vu avec regret que quatre étalons départementaux seulement sur quatorze ont été soumis à son inspection. Ayant considéré néanmoins que ces étalons étaient très-bien soignés et en très-bon état d'embonpoint, le jury a accordé une médaille d'argent à chacun de leurs dépositaires.

La race ovine était en assez grande quantité au concours, nous avons remarqué surtout la race anglaise New-Kent et les croisements de cette race avec les moutons flamands; ces produits se distinguent de nos races ordinaires par leurs belles formes, leur précocité, leur grande aptitude à l'engraissement, la belle qualité et la longueur de leur laine.

Quant à la race porcine, elle était assez nombreuse, mais nous avons remarqué peu de bons produits; le jury, vu la mauvaise conformation du plus grand nombre de ces animaux reproducteurs, n'a décerné que deux primes au lieu de quatre.

SERVICES ÉMINENTS RENDUS A L'AGRICULTURE.

Arrondissement de Cambrai.

Candidat : M. Joseph TELLIER.

Extrait du rapport adressé par la Société d'émulation de Cambrai.

Nous signalons aujourd'hui à votre attention les services rendus à l'agriculture par M. Joseph Tellier, cultivateur à Carnières, maire de cette commune et membre du conseil général.

Voici ce que nous avons remarqué dans sa ferme, située en face d'une brasserie qu'il a meublée avec non moins d'intelligence et qu'il dirige avec une pareille habileté.

La partie de la cour destinée à recevoir le fumier, qu'on sort tous les jours des écuries et des étables, est creusée assez profondément pour éviter qu'il s'altère par ses évaporations.

Autour de cette partie existe une rigole, qui conduit hors de la ferme les eaux pluviales qu'elle reçoit directement ; celles qui découlent des toits arrivent par une nochère dans un réservoir spécial d'où, à l'aide d'une pompe, on les tire pour la boisson des chevaux et des bêtes à cornes.

Les écuries, qui sont toutes pavées en briques, ont des

rigoles qui aboutissent extérieurement à des conduits couverts et dirigés vers un centre commun, *la fosse à purin*. Leurs fenêtres et leurs portes correspondent entre elles de manière à donner une ventilation plus ou moins grande, suivant que l'atmosphère est plus ou moins chaude. Les fenêtres à claire-voie fermées intérieurement par un volet mobile, et les portes qui peuvent être ouvertes de haut en bas, ou seulement dans leur partie supérieure, ont extérieurement un lattis qui forme l'été leur unique clôture.

Ces écuries sont plafonnées, ce qui met les fourrages placés dans leurs râteliers à l'abri de l'invasion des araignées. Elles sont pavées au-dessus du niveau de la cour et traversés par une rigole qui conduit leurs urines dans un déversoir commun. La chaux, qu'on a employée intérieurement pour blanchir leurs murailles, entretient le volume d'air qu'on leur a ménagé et prévient tout ce qui pourrait l'altérer ou le rendre plus rare. Leurs râteliers sont placés à une hauteur qui permet aux animaux d'atteindre les alimens sans fausser leurs aplombs, et qui ne les expose pas à en respirer les poussières et à contracter les maladies meurtrières causées par les affections du poumon, dans les fermes moins bien tenues où l'on néglige de secouer les bottes placées dans cette partie des écuries et des étables. Des râteliers mobiles sont en outre posés sur les auges, de telle sorte que les animaux peuvent y puiser leurs aliments sans en jeter une partie à leurs pieds.

Après le soin qu'il prend des animaux attachés à son exploitation, **M.** Tellier a placé celui des instruments qu'il emploie.

Par des *arrosements* uniformes pour lesquels il a des *tonneaux* qu'il promène, il assure l'égale répartition de ses *engrais liquides*, et, pour répartir également ses grains et ses graines, il applique le semoir, modifié suivant l'occurence, à toutes ses cultures.

Sans remplacer tous les instruments en bois qu'il a trouvés dans son exploitation, le sol qu'il cultive ne lui faisant pas un besoin d'instruments plus puissants, il a substitué à plusieurs d'entr'eux des instruments en fer, qui, avec une précision plus grande, lui évitent une perte de temps considérable. C'est parmi ces derniers qu'il faut placer le *scarificateur* et la *sarcleuse*. Il se sert depuis longtemps du *hache-paille* et de la *machine à battre*. Sans rejeter le *brabant à deux socs*, il pense qu'on ne pourra l'employer que lorsqu'il sera moins difficile à conduire; il place parmi les véhicules les plus utiles la *voiture à frein* dont il se sert, et, bien persuadé qu'on arrivera un jour à remplacer par la vapeur les chevaux destinés à la culture, il ne craint pas qu'on ait dans ce cas à souffrir de la perte de leurs fumiers, les bêtes à cornes devant, selon lui, pourvoir à tous les besoins.

Arrondissement de Douai.

Candidat : M. BERNARD.

*Extrait du rapport adressé par la Société impériale et centrale
d'agriculture, sciences et arts de Douai.*

L'exploitation agricole de M. Bernard, à Roost-Warendin,
embrasse une étendue de 45 hectares de terre en labour. Il
y a dans la ferme :

10 chevaux, dont deux pour la brasserie.

11 bêtes bovines à l'état de vaches laitières ou de génisses,
cette étable n'étant renouvelée depuis longtemps que par des
élèves faites dans la ferme, afin d'éviter l'invasion de la périp-
neumonie.

24 bêtes bovines à l'état d'engrais, tenues à distance des
précédentes dans une autre étable et se renouvelant trois ou
quatre fois par an.

120 moutons à l'état d'engraissement se renouvelant aussi
trois et quatre fois par an.

La ferme de M. Bernard est celle que nous montrons avec
le plus de plaisir, après la ferme de MM. Fiévet. Certaines
écuries et étables y sont cependant mieux disposées. Les écuries
et les étables des vaches à lait établies dans le même bâtiment
sont voûtées à plein ceintre et pavées en briques de champ, avec
rigoles en pierre pour l'écoulement du purin. Les chevaux
sont par couples dans des stalles. Les vaches sont aussi sépa-
rées par couples au moyen de cloisons réduites pour prévenir
seulement les coups de cornes. Cette disposition est la meilleure
de celles adoptées dans notre contrée. Un trottoir est ménagé
le long de ces écuries. Il est défendu contre la pluie et contre
le soleil par un auvent. Tous les bâtiments de la ferme sont
construits en briques avec toitures d'ardoises et de pannes.

M. Bernard a établi dès 1851 un drainage complet sur des
terres surgeonneuses. Leur étendue est de huit hectares et
demi, c'est à peu près le cinquième de l'exploitation. Ce drainage
a été fait aux frais de notre honorable collègue, moyennant un
bail de dix-huit ans, tout en s'engageant à payer un fermage
deux fois et demi plus élevé qu'auparavant. M. Bernard venait
immédiatement après MM. Fiévet pour donner un exemple du
drainage; il employait les premiers drains sortis d'une fabrique
établie à Pont-à-Rache par l'initiative d'un arpenteur de Douai.
L'établissement de cette fabrique avait précédé la fabrication
de M. Delajus, à Faumont, qui a depuis lors fait de nombreuses
fournitures à l'arrondissement de Lille.

M. Bernard a utilisé les eaux sales de la fabrique de sucre

de Roost-Warendin pour l'amélioration d'une terre sise en aval de l'usine. Cette terre basse, d'argile forte, constituant une mauvaise prairie dont le foin valait à peine les frais de récolte, fut drainée dans toute son étendue et puis noyée, pendant toute la campagne sucrière, par les eaux sales et boueuses du lavage des betteraves. Les eaux sortaient propres par les bouches des drains. Les terres de fabrique y furent en outre transportées après le départ des eaux. On a fait depuis lors sur cette terre deux récoltes successives de betteraves, et la commission y a encore trouvé cette année un blé versé quoiqu'il fut à paille de roseau.

M. Bernard a persisté plus longtemps que la plupart de ses collègues dans l'élevage en grand des bêtes ovines et bovines. Il a prêté tout son concours aux expériences de croisements anglais, sollicitées et encouragées par le comice de Douai. Il est allé au haras du Pin et à la bergerie de Montcavrel acquérir des reproducteurs pour ce comice. Il en a acquis pour lui-même. Enfin il a fait des croisements de Durham et de New-Kent, qui ont été les plus beaux entre les croisements similaires obtenus dans l'arrondissement.

Arrondissement de Dunkerque.

Candidat : M. Henri MAHIEU.

Extrait du rapport adressé par la Société d'agriculture de Dunkerque.

M. Henri Mahieu occupe comme locataire, la ferme de Malkoff, de la contenance de 78 hectares en terres labourables et de 24 hectares en pâtures; en tout 102 hectares.

Pour cette exploitation, l'une des plus grandes cultures de ce pays, cet agronome emploie un grand nombre d'instruments perfectionnés. On trouve chez lui machine à battre, semoirs pour toutes graines, semoir à betteraves, coupe racines, extirpateurs, concasseur de tourteaux, trieur de Pernollet, hâche-paille, etc.

En 1855, on construisit des concasseurs de tourteaux d'après le modèle fourni par M. Mahieu; son semoir à betteraves, entièrement reconstruit sous sa direction et devenu remarquable par sa simplicité, fut bientôt recherché par nombre de cultivateurs, qui en dédaignaient l'emploi auparavant et qui se montrèrent heureux d'en obtenir le prêt pour ensemencer des terres, souvent préparées, d'ailleurs, par les extirpateurs qu'il avait mis à leur disposition avec une égale obligeance.

En 1856, le pays s'enrichit d'un grand nombre de machines à battre, quand il n'y avait que la seule de **M.** Mahieu, et il faut dire ici qu'au moyen d'une transmission de mouvement, due à son intelligence, cette machine fonctionne mieux que celles qu'on se procure aujourd'hui.

Jusqu'en 1855, aucune autre ferme ne possédait ni semoir à graines, ni à engrais; cependant l'avantage des semis en lignes est incontestable. A l'économie importante de semence, et à la facilité du sarclage vient se joindre l'avantage expérimenté d'un plus grand rendement.

En 1856, M. Mahieu remarqua à l'exposition universelle un trieur Pernollet destiné au nettoyage des grains pour semence; frappé de la simplicité de cet instrument et plus encore des services importants qu'il pouvait rendre, il en fit l'acquisition, et les grains pour semences, ainsi préparés, ont fait et font l'admiration de tous les cultivateurs.

En 1858, les fourrages étant rares et très-chers, la nourriture des bestiaux devenait dispendieuse : il adopta le système anglais, qui consiste à hâcher les fourrages; à cet effet, il acheta le hâche-palle belge qui avait emporté le 1.er prix à l'exposition universelle de 1855.

Avant d'abandonner l'examen de ses instrumens, nous avons à parler d'un semoir servant à la fois à la distribution de l'engrais et de la graine, dont l'invention et le perfectionnement sont dus à M. Mahieu. Au moyen de ce semoir, qui sera soumis à votre appréciation et dont l'essai sera indubitablement pratiqué, vous acquerrez la certitude, à nous déjà fournie par le fonctionnement que nous en avons vu opérer, que son emploi offre de précieux avantages.

Convaincu que le meilleur engrais et le moins coûteux est celui qui se fait à la ferme, M. Henri Mahieu se trouvait en présence de deux moyens d'action, savoir : rompre les pâturages et acheter des animaux étrangers, qui seraient engraissés à l'étable; ou bien améliorer les pâturages, avoir des reproducteurs et faire l'élève du bétail d'une manière intelligente. L'hésitation ne lui était pas permise. De même que des fermiers fort expérimentés, il a reconnu que l'engraissement à l'étable a des désavantages réels et il s'est bien gardé d'imiter ceux d'entre les cultivateurs qui, séduits par l'excellence des récoltes sur pâtures défrichées, ont abandonné l'élève du bétail.

Aujourd'hui le troupeau de M. Mahieu se compose de 20 vaches laitières, de 2 taureaux de 1 et 2 ans, de 12 génisses, de 15 veaux, de 200 moutons, de 2 poulains de 4 mois, de 5 chevaux de 18 mois, de 2 chevaux de 2 à 3 ans et de 10 jumens. Plus 5 bœufs et une vache à l'engrais.

Ces bestiaux sont nourris dans les pâturages pendant l'été et rentrent à l'étable en novembre, ils y convertissent en engrais les fourrages naturels et artificiels de la ferme et fournissent annuellement à une convenable fumure de 30 hectares de betteraves.

Avec les engrais liquides recueillis dans une citerne on arrose les blés et les pâturages.

On voit donc que, dans cette exploitation, les engrais abondent et qu'ils s'y obtiennent avec bénéfice.

Arrondissement d'Hazebrouck.

CANDIDAT : M. LORIDAN-LORIDAN.

Extrait du rapport adressé par la Société d'Agriculture d'Hazebrouck.

Autrefois il existait sur les territoires de Blaringhem et de Boeseghem un bois de 28 hectares, nommé bois de Fontaine ; ce bois, situé dans un fond aride, était d'un produit presque nul et n'avait pour tout avantage que de fournir le chauffage à un assez grand nombre de maraudeurs, qui habitaient les alentours et dont l'occupation exclusive était le ravage des champs voisins, pour se nourrir ainsi que leurs chèvres ou leurs vaches. M. Loridan achète cette propriété stérile, se rend acquéreur d'autres parcelles de même nature, et se procure ainsi un terrain de 48 hectares, dont il fait opérer le défrichement, bien qu'il ne trouve qu'une terre de la nature la plus ingrate.

Cependant, M. Loridan ne ménage ni main d'œuvre, ni marne, ni engrais ; il pratique le drainage sur une surface de quarante hectares et parvient à donner au fond une couche végétale de trente centimètres, il y construit deux fermes dans les meilleures conditions réunissant l'utile et l'agréable ; une maison d'habitation spacieuse à laquelle est adjointe un beau jardin potager, de vastes écuries, des étables, des granges proportionnées à la culture, d'immenses citernes recevant les urines des bestiaux, des acqueducs pour conduire les eaux de la cour sur les pâturages. Voilà en peu de mots ce que fait l'intelligent et habile possesseur de cette propriété, et il parvient par l'emploi persévérant de tous les moyens possibles, à rendre en peu d'années quarante-huit hectares de terres stériles susceptibles d'une production égale à celles des bonnes terres des environs.

Ici, ne se borne pas l'exploitation de M. Loridan ; la propriété dite le bois d'Estaires, de la contenance de 129 hectares, fut également défrichée par lui, c'est là que l'art agricole se pratique en grand, c'est là que M. Loridan a donné la plus large extension à toutes les expériences imaginables. Pour vous faire une idée de cette magnifique exploitation, figurez vous un terrain parfaitement nivelé, formant un carré long, coupé dans sa longueur par trois routes parallèles, dont celle du milieu est empierrée et bordée de chaque côté d'une rangée d'arbres fruitiers à haute tige. Cette terre n'ayant pu être drainée à défaut de pente nécessaire pour l'écoulement des eaux, on y a suppléé par un large fossé qui l'entoure et suffit pour remédier à l'excès d'humidité qui pourrait nuire au sol. Sur ces fossés, des ponceaux solidement et élégamment construits et espacés de cinquante mètres les uns des autres donnent un facile accès aux champs. Le plan ainsi disposé, M. Loridan s'empressa d'y créer sept hectares d'herbages sur lesquels il établit quatre pompes avec puits, qui fournissent aux bestiaux une eau limpide, saine et abondante. Les pompes ont le double avantage d'alimenter à volonté au moyen de tuyaux correspondants quatre grandes citernes établies au milieu de chaque carré de pâturage, pour y recueillir les engrais des bestiaux. Votre commission a remarqué avec admiration que ces magnifiques pâtures, tout récemment créées, sont déjà en plein rapport, et promettent sous peu d'années une nourriture des plus abondantes à un nombreux bétail.

Les terres une fois rendues fertiles, M. Loridan y construit quatre maisons très-commodes servant de logement aux ouvriers qu'il entretient en permanence, et accorde à chaque ménage une parcelle de terre à cultiver à son profit. En outre, pour les besoins de la culture, il fait établir d'immenses granges, étables et écuries.

Tous les travaux d'appropriation terminés et les terres commançant à produire, une chose indispensable à l'exploitation était un chemin praticable en toute saison pour faciliter l'écoulement des produits. M. Loridan n'hésita pas à contribuer pour une somme de 7,000 fr. à la construction d'un débouché empierré reliant sa propriété au chemin vicinal de grande communication N.º 23, de Caestre à Estaires.

C'est ainsi qu'un mauvais bois fut converti en une exploitation agricole modèle et des plus productives. Votre commission, Messieurs, a pu juger de la beauté des récoltes dans les granges et magasins et par les magnifiques échantillons que M. Loridan avait préparés et destinait à la prochaine exposition.

En résumé, M. Loridan, à la tête de cette immense culture dont la création toute nouvelle lui appartient, doit être placé parmi l'élite des agriculteurs, et nous estimons, qu'en présence de pareils sacrifices et de tels résultats il est digne d'obtenir la récompense due à son mérite.

Arrondissement de Lille.

Candidat : M. LEROY-DUBOIS.

*Extrait du rapport adressé par le Comice agricole
de Lille.*

M. Leroy-Dubois fut reçu *membre associé agriculteur* de la
Société des sciences, de l'agriculture et des arts de Lille en
1842; il est membre fondateur du Comice agricole de Lille.
Il signala son admission dans la Société des sciences par la
lecture d'un rapport sur des expériences comparatives qu'il avait
faites pendant quatre ans sur les semis en ligne et à la volée,
ce rapport eut l'honneur de l'impression dans les publications
agricoles de la Société et valut à son auteur une médaille d'argent.

Nommé maire de la commune d'Illies en 1843, à l'âge de
25 ans, il a puissamment contribué au progrès de l'agriculture dans sa commune, ainsi que le constate le rapport de
M. J. Lefebvre, lors de la distribution des prix faite par la
Société des sciences le 10 septembre 1848.

En 1850, la Société entendit la lecture d'un savant rapport
fait par une commission composée de MM. Parise, Hocheteiter
et Loiset, rapporteur, dont nous extrayons le passage suivant :
« L'entreprise agricole de M. Leroy-Dubois, d'Illies, que nous
avons examinée sur les lieux avec intérêt, peut être considérée
comme un de ces spécimen de fermes flamandes, qui ont rendu
si célèbre parmi les agronomes la belle agriculture de l'ancienne
châtellenie de Lille, dont les merveilles, citées par Olivier de
Serres et si savamment décrites par François de Neufchâteau,
ont servi de modèles aux grandes améliorations agricoles intro-
duites depuis un demi-siècle en Angleterre, en Allemagne, et
sur une certaine étendue de territoire national. »

» La Commission regrette que le nombre et l'importance de
vos travaux actuels ne lui permettent pas de vous indiquer,
même sommairement, ici, tous les enseignements qui découle-
raient des chiffres contenus dans le tableau qu'elle a sous les
yeux, mais elle espère y suppléer en émettant le vœu que ce
document soit imprimé dans vos notices agricoles, avec les
documents semblables qui ont servi au prononcé de vos jugements précédents pour le même concours; une telle publication
nous paraît beaucoup plus utile que bien des livres académiques,
et les vrais agronomes praticiens y puiseraient plus d'instruction que dans maints volumes d'agriculture prétendus savants.

» En résumé M. Leroy est un cultivateur capable et intelligent, qui s'est mis résolument à la tête du progrès agricole. »

Après avoir entendu la lecture de ce rapport, la Société décerna à M. Leroy-Dubois la médaille d'or destinée à récompenser le mérite de la meilleure direction donnée à une entreprise rurale et constatée par le chiffre le plus élevé de la production.

Dans la même séance, la Société, après avoir entendu le rapport d'une autre commission, accorda à M. Leroy-Dubois une médaille d'argent pour ses expériences sur la culture fourragère de trois espèces de maïs : le quarantin, le rouge et le gros blanc, faite sur une superficie de 6 ares de terre bien préparée et renouvelée pendant plusieurs années.

Les instruments aratoires qu'emploie M. Leroy-Dubois sont, outre le cribloir en zinc qui est préférable au cribloir en peau, les moulins à broyer les tourteaux et à faire le coupage, un semoir avec lequel on sème toute espèce de grains à la distance que l'on veut, une binette à la main et à cheval pour nettoyer colzas, betteraves, etc., ou bien leur donner des labours; un traîneau auquel il a fait adapter trois petites roues en fonte, dont une par devant avec un braquement, ce qui le rend très-commode. Ces trois instrumens ont été faits à Illies, sur les modèles donnés par M. Leroy-Dubois, et sont reconnus tellement bons qu'on les trouve aujourd'hui entre les mains de tous les cultivateurs de ses environs; après examen, la Société des sciences, de l'agriculture et des arts, accorda à M. Leroy-Dubois le rappel de la médaille d'or à l'exposition des produits, machines agricoles et instruments aratoires, qui eut lieu en 1850.

En 1852 il obtenait à l'exposition départementale de Valenciennes une médaille de vermeil pour sa belle collection de blés ; une autre médaille de vermeil pour sa belle collection d'avoines; et une médaille d'argent pour sa belle collection d'orges.

En 1853, à Arras, à l'exposition du congrès, il obtenait une médaille de bronze pour son exposition de diverses céréales.

A l'exposition universelle qui eut lieu à New-York, en 1853, notre candidat reçut une médaille de bronze pour sa belle collection de blés, et une mention honorable pour ses lins.

Voici ce que nous extrayons du rapport qui en fut publié dans le *Moniteur universel* :

« Aux Etats-Unis appartient le droit de préséance pour la multiplicité des échantillons des céréales exposées ; le Canada vient ensuite; l'Angleterre et la France, entre toutes les autres nations, sont les seules qui aient fourni leurs contingents; cette dernière est représentée par un seul de ses fermiers, mais agriculteur émérite; M. Leroy-Dubois, du département du Nord, a exhibé vingt-cinq espèces différentes de grains sortis de son domaine; il a captivé l'attention des fermiers américains présents au Palais-de-Cristal. »

En 1854, lors de l'exposition départementale agricole qui eut lieu à Lille, le jury accorda à M. Leroy-Dubois une médaille d'argent pour ses variétés d'avoines, et une autre médaille d'argent pour sa culture de plantes fourragères.

En 1855, le Comice agricole de Lille lui décernait une médaille de bronze pour la culture du sorgho.

Enfin, Messieurs, en 1856, au concours agricole universel de Paris, une médaille d'or était décernée à M. Leroy-Dubois pour son exposition de lin à fleurs bleues et à fleurs blanches, en botte et en filasse ; et la même année le canton de La Bassée ayant été désigné par le sort, comme celui auquel devaient être décernées les récompenses que le Comice accorde pour la bonne tenue des exploitations rurales, le rappel de la médaille d'or qu'il avait obtenue en 1850 fut accordé à M. Leroy-Dubois pour sa belle et bonne culture.

Nous ne terminerons pas sans ajouter que dans une circonstance toute récente, où les intérêts d'un certain nombre de cultivateurs de sa commune et de celles circonvoisines étaient fortement compromis, il a su, par sa prévoyance et son aptitude, sauvegarder leurs intérêts par des mesures combinées de telle sorte, qu'ils n'ont éprouvé qu'un peu de retard pour toucher intégralement le prix de denrées fournies à une certaine industrie.

Tout en ayant la persuasion qu'on trouverait facilement parmi nos cultivateurs un nombre beaucoup plus grand, qu'on ne le suppose généralement, d'hommes remarquables, nous croyons, cependant, qu'ils doivent s'enorgueillir de compter dans leurs rangs un cultivateur tel que M. Leroy-Dubois.

Pour tous les motifs énumérés ci-dessus, la Commission espère, Messieurs, que vous ratifierez son choix, et que vous désignerez au Jury central de l'Exposition départementale, qui doit avoir lieu à Hazebrouck, M. Leroy-Dubois comme candidat, pour l'arrondissement de Lille, aux médailles d'honneur qui seront décernées pour services éminents rendus à l'agriculture.

Le Comice a adopté.

<hr>

Arrondissement de Valenciennes.

CANDIDAT : M. ADOLPHE DESLINSEL.

Extrait du rapport adressé par la Société Impériale d'Agriculture, Sciences et Arts de Valenciennes.

M. Adolphe Deslinsel, maire de Denain, agriculteur intelligent, industriel habile et prudent, est à la tête d'une ferme et de deux usines importantes, et depuis trente-quatre ans il a suivi avec une scrupuleuse attention les progrès de l'agriculture, et les a souvent devancés; aussi a-t-il largement contribué à la réputation distinguée que l'arrondissement de Valenciennes s'est acquise dans ces deux branches.

Sa culture se compose de 200 hectares de terres labourables, et de 40 hectares de prairies naturelles.

Ses écuries comptent 40 chevaux de trait principalement destinés à desservir sa fabrique de sucre et sa distillerie.

Cinquante bœufs de trait des mieux choisis labourent et font les semailles de sa culture; il n'en exige que trois ou quatre ans au plus de travail, les met ensuite à l'engrais, et les livre à la boucherie lorsqu'ils atteignent le poids de 450 à 500 kilogrammes de viande.

35 à 40 vaches laitières de premier choix, comme vous le verrez tout à l'heure par le résumé succinct des primes obtenues dans les concours, sont traitées de façon à pouvoir être vendues à la boucherie après la lactation, hormis celles de qualité exceptionnelle, qu'il se plait toujours à conserver plusieurs années afin d'améliorer par elles la race de son bétail. Aussi fait-il chaque année douze à quinze élèves d'un mérite incontestable, car plusieurs fois déjà nous avons appris que les producteurs de bestiaux gras, pour les concours de Lille, étaient venus faire un choix heureux de leurs sujets dans ses étables.

Du reste les succès obtenus dans les différents concours où il a assisté ne viennent-ils pas à l'appui de ce que nous avançons?

En 1851, médaille d'or, pour la ferme la mieux tenue de l'arrondissement de Valenciennes.

Au concours régional de Valenciennes, médaille d'argent, pour une vache laitière.

En 1857, médaille d'argent, pour une vache laitière, au concours régional de Melun.

A l'exposition universelle de Paris, médaille d'or, pour une vache laitière.

Enfin en 1859, médaille de bronze et deux médailles d'or, pour trois vaches laitières.

Les moutons sont chez lui en grand nombre; il n'en fait pas l'élève, mais comme pour le gros bétail il leur fait consommer ses pulpes, des farines d'orge et des tourteaux, et la quantité qu'il livre aux marchés de Lille et Paris est rarement au-dessous du chiffre de 1800 par an.

Tous les ans il utilise aussi, comme amendement pour sa culture, 30 mille hectolitres de chaux et cendres mélangées. Il est parvenu, après bien des années de persévérance, à amender 100 hectares de terres réputées de mauvaise qualité, et dont plusieurs même étaient incultes. M. Deslinsel avait bien jugé la nature de son terrain, il savait qu'il était essentiellement argileux et compact, il savait qu'en lui rendant de la porosité et en permettant à l'air de s'y introduire au moyen de fissures, il arriverait à un résultat satisfaisant. Il commença par défoncer le sol à une grande profondeur, y amena une quantité considérable de chaux et de cendres, et aujourd'hui ces terres donnent des produits en blé et en betteraves qui font envie aux cultivateurs voisins qui s'empressent de l'imiter.

Malgré toutes ces améliorations successives, M. Deslinsel trouvait que, sur un point, sa culture était encore susceptible d'un grand progrès. 24 hectares de terre, à sous sol glaiseux, ne lui donnaient pas, malgré les engrais et les soins qu'il leur prodiguait, le rendement qu'il désirait en obtenir. Enfin le drainage se fit jour, M. Deslinsel s'en enquit de suite, s'entoura de tous les renseignements qui s'y rattachent, et c'est sous sa direction que cette propriété fut immédiatement soumise à ce genre de travail. De dernière qualité qu'elles étaient, puisqu'elles n'avait été achetées que mille francs l'hectare, ces terres tiennent aujourd'hui leur place parmi les meilleures de la localité, et représentent une valeur de 2,400 fr. les 33 ares.

Il a donc rendu un véritable service à la culture du pays en patronant tous les progrès qui se sont fait jour depuis trente ans et en sachant en tirer le meilleur parti possible.